# Schmuckschildkröten

## Die Gattung *Chrysemys*

*3. unveränd. Auflage, Nachdruck*
*der 2. Auflage von 1985*

*Mit 47 Abbildungen und 3 Farbtafeln*

Fritz Jürgen Obst



Die Neue Brehm-Bücherei Bd. 549
Westarp Wissenschaften · Magdeburg · 1995
Spektrum Akademischer Verlag · Heidelberg · Berlin · Oxford

Die Deutsche Bibliothek — CIP-Einheitsaufnahme

**Obst, Fritz Jürgen:**
Schmuckschildkröten: die Gattung Chrysemys / von Fritz Jürgen Obst. –
3., unveränd. Aufl., Nachdr. der 2. Aufl. von 1985. –
Magdeburg: Westarp-Wiss.; Heidelberg: Spektrum Akad. Verl., 1995
(Die Neue Brehm-Bücherei; Bd. 549)
ISBN 3-89432-453-8
NE: GT



Publiziert in Zusammenarbeit mit
Spektrum Akademischer Verlag, Heidelberg

Druck und Bindung: Hartmann, Ahaus

## Inhaltsverzeichnis

## 1. Was sind Schmuckschildkröten?

So überflüssig diese Frage jedem erscheinen mag, der die ansprechenden Tiere als regelmäßiges Saisonangebot der Tierhandlungen kennt, so schwierig erweist sich eine kurze eindeutige Definition des Begriffes: Schmuckschildkröten sind eine Gruppe von typischen Sumpfschildkröten, die vorwiegend in Nordamerika, in wenigen Ausnahmen auch in Mittel- und Südamerika beheimatet sind. Sie zeichnen sich durch flache, ovale, starre Panzer und gut entwickelte Schwimmfüße aus.

Zumindest als Jungtiere tragen alle Schmuckschildkröten eine stark farbige Linienzeichnung der Weichteile (am Kopf, am Hals und auf den Gliedmaßen) sowie auffällige ornamentale Zeichnungselemente auf dem Rücken- wie Bauchpanzer. Bei vielen Arten bleibt dieser „Schmuck" zeitlebens erhalten, wenngleich er sich im Verlauf der Lebensalter mehr oder weniger wandelt.

Charakteristisch ist für die meisten Schmuckschildkröten außerdem ein markanter Geschlechtsdimorphismus: die adulten ♀ übertreffen die ♂ beträchtlich an Größe und Gewicht. Außerdem weisen die Männchen der Schmuckschildkröten als einmaligen Sonderfall in der ganzen Ordnung Testudines stark verlängerte Krallen der Vorderextremitäten auf. Im Zusammenhang damit steht ein ebenfalls gruppencharakteristisches Balzspiel. In ihrer Lebensweise unterscheiden sich die Schmuckschildkröten kaum von anderen vergleichbaren Gruppen typischer Sumpfschildkröten.

Für den Tierfreund nicht erst an letzter Stelle wichtig ist schließlich die Tatsache, daß Schmuckschildkröten zu den ganz wenigen Vertretern ihrer Ordnung gehören, die vom Menschen alljährlich in großer Anzahl gezüchtet werden! Damit unterscheiden sie sich als bemerkenswerte Ausnahme von der Mehrzahl ihrer Verwandten, die noch immer selten in menschlicher Obhut vermehrt werden. Mit der planmäßigen Massenzucht ist auch die wichtigste Voraussetzung erfüllt, daß Schmuckschildkröten zahlreichen Tierfreunden als Heimtiere und der Wissenschaft als Versuchstiere dienen können. Leider ist aber die Aufzucht der farbenprächtigen munteren Schildkröten-Babys nicht ganz einfach, so daß nur ein kleiner Prozentsatz von ihnen das Erwachsenenalter erreicht. So ergibt sich der Widerspruch, daß Schmuckschildkröten-Babys z. Z. noch die einzigen Wasserschildkröten sind, die Anfängern der Schildkrötenpflege zum Erwerb von praktischen Erfahrungen regelmäßig und ausreichend zur Verfügung stehen, daß sie aber andererseits durchaus komplizierte Pfleglinge sind, die an sich nicht in die Hände von „Anfängern" gelangen sollten!

Der vorliegende Brehmband will deshalb in erster Linie den zahlreichen Liebhabern der Schmuckschildkröten die notwendigen Kenntnisse der Lebensweise dieser Tiere vermitteln, die unabdingbare Voraussetzung für sachgemäße Haltung und eventuelle Zucht sind. Außerdem soll er helfen, die z. T. recht schwierige Bestimmung der im Tierhandel auftauchenden Schmuckschildkröten zu ermöglichen. Die vielfältigen und interessanten Probleme der Verwandtschaftsbeziehungen der Schmuckschildkröten, die noch nicht endgültig geklärt sind, sowie ihre Entstehungs- und Ausbreitungsgeschichte sollen dabei mit erörtert werden.

Selbstverständlich ist die Beschäftigung mit „ihren" Schmuckschildkröten ein altes „hauseigenes" Thema der amerikanischen Herpetologen. Deshalb muß oft auf die umfangreiche, heute kaum noch zu überschauende Spezialliteratur – vorwiegend in amerikanischen Fachzeitschriften – verwiesen werden, wenn über Schmuckschildkröten berichtet wird. Leider aber ist diese Originalliteratur für europäische Interessenten nur schwer zugänglich. Das angefügte Literaturverzeichnis wird sehr zum Studium empfohlen, enthält es doch zahlreiche Spezialarbeiten, deren Aussage mitunter weit über die im vorliegenden Band gegebenen Informationsmöglichkeiten reicht. Auch außerhalb Amerikas erliegen immer wieder zahlreiche Tierliebhaber wie Zoologen der Faszination der Schmuckschildkröten und widmen ihnen ihre ganze Aufmerksamkeit. Für sie sei dieser Band eine kleine Starthilfe!

## 2. Chrysemys oder Pseudemys?

Durch die neuere Literatur zieht sich seit der Mitte der 60er Jahre (McDowell 1964) der Meinungsstreit um die Gattungsbezeichnung der Schmuckschildkröten. Während die etwas älteren Gesamtdarstellungen der Schildkröten (Wermuth u. Mertens 1961, aber auch wieder 1977) die Schmuckschildkröten in zwei getrennten Gattungen führten: *Chrysemys* Gray, 1844 (monotypisch mit *Ch. picta*) und *Pseudemys* Gray, 1870 (für alle anderen Arten der Schmuckschildkröten), vereinigte McDowell beide Gattungen unter dem nunmehr allein gültigen älteren Namen *Chrysemys.*

Dieser Auffassung, die sich vor allem auf anatomische Übereinstimmungen beider Gattungen gründete, folgte dann auch die Mehrzahl der amerikanischen Spezialisten (Ernst u. Barbour 1972 u. v. a.), während sie sich in Europa nur schwer durchsetzte. Zahlreiche vergleichende Studien zur allgemeinen Biologie, besonders der Ethologie, aber auch eiweißdiagnostische Vergleiche mit Elektrophoresetechniken und andere vergleichende biochemische Studien (Enzymuntersuchungen) bestätigten mit weiteren Argumenten hingegen die Auffassung McDowells.

Für eine detaillierte Gruppierung der Schmuckschildkröten-Arten innerhalb der Gattung *Chrysemys* bietet sich ebenfalls McDowells (1964) Konzept von drei Untergattungen an, wie es auch Mlynarski 1976 bei seiner Bearbeitung der Schildkröten im „Handbuch der Paläoherpetologie" anwendet.

### 2.1. Die Artenliste der Schmuckschildkröten

Außer dem wissenschaftlichen Namen wurden die gebräuchlichsten deutschen, englischen und spanischen bzw. portugiesischen Trivialnamen aufgelistet. Damit soll eine leichtere Orientierung in fremdsprachlicher Literatur ermöglicht werden.

I. Untergattung *Chrysemys* Gray, 1844 s. str.; monotypisch, verbreitet im Norden und Nordosten von Kanada bis in den Süden der USA

1. *Chrysemys picta* (Schneider, 1773), Zierschildkröte, Painted turtle
   *Ch. picta picta* (Schneider, 1783), Eastern painted turtle
   *Ch. picta dorsalis* Agassiz, 1857, Southern painted turtle
   *Ch. picta marginata* Agassiz, 1857, Midland painted turtle
   *Ch. picta belli* (Gray, 1831), Western painted turtle

II. Untergattung *Trachemys* Agassiz, 1857; zwei Arten, verbreitet vom Norden Nordamerikas bis ins südliche Südamerika, ebenso auf den Antillen. Auf dem Kontinent stets an der Osthälfte konzentriert.

1. *Chrysemys scripta* (Schoepff, 1792), Buchstaben-Schmuckschildkröte, Pond Slider

*scripta*-Unterartengruppe:

*Ch. scripta scripta* (Schoepff, 1792), Gelbwangen-Schmuckschildkröte, Yellow-bellied turtle

*Ch. scripta elegans* (Wied, 1839), Rotwangen-Schmuckschildkröte, Red-eared turtle

*Ch. scripta troosti* (Holbrook, 1836), Cumberland-Schmuckschildkröte, Cumberland-turtle

*gaigeae*-Unterartengruppe:

*Ch. scripta gaigeae* (Hartweg, 1939), Big-Bend-turtle oder Rio-Grande-turtle, Texas-Schmuckschildkröte

*Ch. scripta hiltoni* (Carr, 1942), Sonora-Slider

*Ch. scripta taylori* (Legler, 1960), Cuatro-Cienegas-Slider

*Ch. scripta nebulosa* Van Denburgh, 1895, Baja-California-Cooter

*ornata*-Unterartengruppe:

*Chr. scripta cataspila* (Günther, 1885), Mexican Slider

*Ch. scripta ornata* (Gray, 1831), Pfauenaugen-Schmuckschildkröte, Ornate Slider

*Ch. scripta grayi* (Bocourt, 1868), Spitzkopf-Schmuckschildkröte, Gray's Slider

*Ch. scripta yaquia* (Legler und Webb, 1970)

*Ch. scripta venusta* (Gray, 1855), Costa-Rican Slider

*Ch. scripta callirostris* (Gray, 1855), Südamerik. Pfauenaugen-Schmuckschildkröte, Jicotea

*dorbigni*-Unterartengruppe:

*Ch. scripta dorbigni* (Dumeril und Bibron, 1835), Brasilianische Schmuckschildkröte, South American Slider, tortuga pintada

*Ch. scripta brasiliensis* (Freiberg, 1969), wie *dorbigni*, auch tigre d'agua

2. *Chrysemys terrapen* (Lacépède, 1788), Antillen-Schmuckschildkröte, Antillean turtle, Jicotea

*Ch. terrapen terrapen* (Lacépède, 1788), Jamaica-Schmuckschildkröte, Jamaican terrapin

*Ch. terrapen angusta* (Barbour und Carr, 1940), Pinar del Rio-terrapin

*Ch. terrapen decorata* (Barbour und Carr, 1940), Haiti-Schmuckschildkröte, Haitian Slider

*Ch. terrapen felis* (Barbour, 1935), Cat-Island – Slider

*Ch. terrapen granti* (Barbour und Carr, 1941), Grand-Cayman-Island-terrapin

*Ch. terrapen malonei* (Barbour und Carr, 1938), Great-Inagua-terrapin

*Ch. terrapen plana* (Barbour und Carr, 1940), Rio-Jobabo-terrapin

*Ch. terrapen decussata* (Gray, 1831), (verbreitetes Synonym ist *Ch. t. rugosa* [Shaw, 1802]) Kuba-Schmuckschildkröte, Jicotea

*Ch. terrapen stejnegeri* (Schmidt, 1928), Porto-Rico-Slider

*Ch. terrapen vicina* (Barbour und Carr, 1940), San Domingo-Slider

III. Untergattung *Pseudemys* Gray, 1855; drei Arten, verbreitet im Osten Nordamerikas

1. *Chrysemys concinna* (Le Conte, 1830), Hieroglyphen-Schmuckschildkröte, River Cooter
   - *Ch. concinna concinna* (Le Conte, 1830), River-Cooter
   - *Ch. concinna hieroglyphica* (Holbrook, 1836), Slider
   - *Ch. concinna mobilensis* (Holbrook, 1838), Mobile Cooter
   - *Ch. concinna suwanniensis* (Carr, 1937), Suwannee-Cooter
   - *Ch. concinna texana* (Baur, 1893), Texas Slider
2. *Chrysemys floridana* (Le Conte, 1830), Florida-Schmuckschildkröte, Cooter
   - *Ch. f. floridana* (Le Conte, 1830), Florida-Cooter
   - *Ch. floridana hoyi* (Agassiz, 1857), Missouri-Slider
   - *Ch. floridana peninsularis* (Carr, 1938), Peninsula-Cooter
3. *Chrysemys rubriventris* (Le Conte, 1830), Rotbauch-Schmuckschildkröte, Red-bellied turtle
   - *Ch. rubriventris rubriventris* (Le Conte, 1830), Red-bellied turtle
   - *Ch. rubriventris alabamensis* (Baur, 1893), Alabama-Red-bellied turtle
   - *Ch. rubriventris bangsi* (Babcock, 1937), Plymouth turtle
   - *Ch. rubriventris nelsoni* (Carr, 1938), Florida Red-bellied turtle

Zu den Untergattungsnamen sei zu bemerken, daß sie in der regulären dreiteiligen zoologischen Nomenklatur praktisch nicht berücksichtigt werden, sondern lediglich zur Kennzeichnung der engeren Verwandtschaftsgruppen der Arten innerhalb der großen Gattung dienen. Dazu werden sie, wenn es notwendig erscheint, meist als in Klammern folgender Kommentar nach dem Namen vermerkt.

In der neuesten amerikanischen Literatur gibt es wieder eine ganze Reihe Spezialisten, die die Unterschiede zwischen der Untergattung *Chrysemys* einerseits und den Untergattungen *Trachemys* und *Pseudemys* andererseits für größer halten, so daß sie wieder zur Gattungstrennung in *Chrysemys* (monotypisch mit *picta*) und *Pseudemys* (polytypisch mit allen anderen Arten) zurückkehren (Moll u. Legler 1971, Smith u. Smith 1979). Der Meinungsstreit wird von beiden Seiten wechselseitig mit neuen Argumenten versehen. So brachte Zug (1966) eine interessante vergleichende Studie der Penis-Morphologie heraus. Richtig scheint auf jeden Fall, daß die Beziehungen zwischen *Trachemys* und *Pseudemys* vor allem serologisch, aber auch mit einer Reihe anatomischer Details etwas enger sind als zu *Chrysemys*.

Unbeschadet von dieser Diskussion ist auch die taxonomische Bewertung einzelner Formen als selbständige Arten oder Unterarten unterschiedlich. Keine Diskussionen gibt es derzeit um *Chrysemys picta*. Ihre geographischen Unterarten werden allgemein anerkannt, es gibt auch keine Höherbewertungen dieser Formen. Kritischer hingegen ist die Situation bei *Chrysemys scripta:* die Formen *scripta, ornata* und *dorbigni* werden von verschiedenen Autoren als selbständige Arten betrachtet, denen die restlichen Formen als Unterarten zugeordnet werden, so

1. zu *scripta: elegans, cataspila, gaigeae, troosti,*
2. zu *ornata: callirostris, nebulosa, venusta, yaquia* und *grayi*
3. zu *dorbigni: brasiliensis.*

Die Form *grayi* wird von vielen Autoren auch noch als monotypische Art betrachtet. Hier wird dieser Praxis nicht gefolgt. Die Anzahl der einzelnen Subspezies, die entweder insgesamt zu *scripta* oder zu den anderen, als Art bewerteten Formen anerkannt werden, schwankt außerdem nach der Auffassung der verschiedenen Spezialisten. Es kann daraus sachlich erkannt werden, daß einerseits die Kennzeichen der betreffenden Schmuckschildkröten unterschiedlich deutlich ausgeprägt sind, und daß andererseits die Ähnlichkeitsbeziehungen der einzelnen Formen zueinander als engere Verwandtschaftsgruppen, die sich gegenüber anderen derartigen Gruppierungen abgrenzen, deutlich zu erkennen sind. Das bedeutet schließlich doch, daß die Wertigkeit dieser Taxa recht unterschiedlich ist. Für die Praxis hingegen ist wohl am wesentlichsten, daß sie jedoch deutlich zu erkennen, damit also bestimmbar sind! Dieser Sachverhalt ist für den Zoologen wie für den Schildkrötenliebhaber gleichermaßen von Bedeutung. Als gesichert aus allen Diskussionen um *Chrysemys scripta* kann gelten, daß sich diese außerordentlich wandlungsfähige Schmuckschildkröte zweifelsfrei in die oben zusammengestellten drei Gruppierungen geographischer Unterarten gliedert.

*Chrysemys terrapen* wird in der Spezialliteratur ebenfalls nicht allgemein so anerkannt, wie es hier nach Wermuth u. Mertens (1977) erfolgte. Gegenüber Wermuth u. Mertens (1977) werden in der hier gegebenen Aufstellung ledigliche die Formen *felis, plana* und *angusta* zugefügt. Statt *„rugosa“* wird die Bezeichnung *decussata* für die Kuba-Schmuckschildkröte verwendet, da als *rugosa* eine nicht mehr genau bestimmbare melanistische Schildkröte beschrieben wurde. Genauso unterschiedlich sieht es mit dem taxonomischen Rang aus, der den einzelnen geographischen Vertretern zugebilligt wird. So fassen Schwartz u. Thomas (1975) *decorata, felis, malonei* als selbständige monotypische Arten auf, während sie *Ch. decussata* als polytypische Art betrachten, zu der neben der Nominat-Unterart noch *granti, stejnegeri* und *vicina* gerechnet werden. Den Auffassungen von Schwartz u. Barbour folgt Pritchard (1979) im wesentlichen. Er erkennt noch die Subspezies *plana* vom Rio Jobabo (Kuba) und *angusta* vom Rio Taco auf Kuba als weitere Formen von *decussata* an. Andererseits betrachtet Pritchard auch noch *stejnegeri* als selbständige Art. Klarheit über die tatsächlichen Verhältnisse bei den Antillen-Schmuckschildkröten besteht also bei weitem noch nicht.

Die Gruppe *concinna-floridana-rubriventris* ist z. Z. in taxonomischer Sicht ebenfalls noch mangelhaft geklärt. Es sind von allen drei „Arten“ sowohl natürliche als auch künstliche Bastarde bekannt geworden. Einige Autoren (z. B. Ernst u. Barbour 1972) erkennen darüber hinaus noch *nelsoni* und *alabamensis* als selbständige Arten an. Die Areale der hier als drei Arten aufgefaßten Formen überschneiden sich weitgehend. Trotzdem bleiben die drei Arten dabei doch weitgehend stabil und erkennbar. Bastardisierungen bzw. gleitende Übergänge innerhalb der Unterarten von *concinna* bzw. *floridana* sind dabei weit häufiger als Bastarde zwischen beiden Arten. *Chrysemys rubriventris* zeigt etwas geringere Tendenz, sich mit *Ch. concinna* und *floridana* zu vermischen.

Neuerdings schlägt Fritz (1981) vor, aufgrund der mit morphologischen Mitteln häufig unmöglichen Unterscheidung von Kreuzungsprodukten gegenüber reinrassigen Exemplaren von *concinna* und *floridana,* beide wieder nur als einzige Art aufzufassen. Er schlägt die Anwendung des von Carr (1952) gewählten Namens *floridana* für diese Art vor, die sich dann in 8 Unterarten gliedern würde. Die Taxa *floridana* und *concinna* sind an sich gleichwertig, da sie beide von ein und demselben Autoren, Le Conte, 1830 gleichzeitig begründet wurden.

## 2.2. Kurzcharakteristik der Arten

### 2.2.1. *Chrysemys picta* (Schneider, 1773), Zierschildkröte, Painted turtle, Abb. Tafel 1

Gliederung der Art: Vier Unterarten
Größe: 10–25 cm, kleinste Art der Gattung

| | | |
|---|---|---|
| *Chrysems picta picta* | ∅ 18 cm | |
| *Ch. p. belli* | bis 25 cm, größte UA | |
| *Ch. p. dorsalis* | ♂ 10 cm, | ♀ 12,5–15 cm, kleinste UA |
| *Ch. p. marginata* | ♂ 10–17 cm, | ♀ 17 cm |

Gestalt: Panzer mit Ausnahme von *Ch. p. dorsalis* extrem flach. Hinterrand des Carapax stets glatt, nicht gesägt. Carapax ohne Rückenkiel, höchstens in der Nackenregion noch schwacher Rest des Kiels angedeutet. Im Unterschied zu anderen Schmuckschildkröten im Alter mit sehr glatten, völlig ebenen Schildern des Carapax. Niemals Ausbildung der wellenförmigen Längsrillen auf den Carapaxschildern, wie sie die anderen Arten im höheren Lebensalter aufweisen (Abb. 17).
Geschlechtsunterschiede: Größenunterschied zugunsten der ♀ nicht so auffällig wie bei den anderen Schmuckschildkröten. Der Panzer der ♂ ist deutlich flacher als derjenige der ♀, dazu leicht konkav eingedellt. Die Verlängerung der Krallen der Vorderextremitäten der ♂ ist deutlich zu bemerken, jedoch nicht so extrem wie bei manchen anderen Arten ausgeprägt (Abb. 19).
Färbung: Carapaxfärbung mit starker Tendenz, auf den Diskusschildern jegliche Zeichnung zu reduzieren. Nur *Ch. p. belli* hat eine Netzzeichnung über den Diskus, die die einzelnen Schildergrenzen optisch verwischt. *Ch. p. picta* und *Ch. p. dorsalis* haben hingegen hell markierte Ränder der einzelnen Rückenschilder. Bei *Ch. p. picta* ist diese Markierung extrem breit, insbesondere zwischen dem 1. und 2. Wirbel- sowie Rippenschildern. *Ch. p. dorsalis* zeigt in der Jugend und meist bis ins hohe Alter einen markanten gelben bis roten Dorsalstreifen, der sich über den ganzen Carapax entlang der Wirbelsäule erstreckt. *Ch. p. marginata* ist durch dunkle Einfarbigkeit und Zeichnungslosigkeit der gesamten Diskuszone des Carapax gekennzeichnet.

Artcharakteristisch ist die rote Streifen- oder Barrenzeichnung auf den Randschildern des Carapax. Auf der ventralen Seite der Randschilder herrscht Rot als Grundfarbe vor. Darauf steht eine dunkle Ozellenzeichnung. Das ergibt einen starken Farbkontrast zum Plastron, das bei erwachsenen Tieren hellgelb ist. *Ch. p. picta* und *Ch. p. dorsalis* haben im Alter völlig einfarbig helle zeichnungslose Plastra, während *Ch. p. marginata* entlang der Symmetrieachse eine dunkle Figur aufweist, die auf den vorderen und hintersten Plastronschildern fehlen kann. Bei *Ch. picta belli* breitet sich diese Figur über alle Plastronschilder aus und verläuft auch noch entlang der Quernähte der Plastronschilder von der Symmetrieachse weg.
Kopf: Streifen am Kopf gelb, am Hals teilweise rot, bei *Ch. picta marginata* in der Regel alle Halsstreifen rot (Abb. 1, 1–4).
Gliedmaßen: Mit gelben und rötlichen Streifen.
Verwandtschaftsbeziehungen: *Ch. picta* ist die ursprünglichste Art der Gattung und repräsentiert die einzige Art der Untergattung *Chrysemys* (im engeren Sinne). Ihre vier Unterarten vermischen sich meist in den Überschneidungszonen und bilden fließende Übergänge. Keine Bastarde mit anderen Arten bekannt.

*Ch. p. belli* ist die ursprünglichste Unterart der Zierschildkröte, die die Beziehungen zu den anderen Arten bzw. Untergattungen am deutlichsten erkennen läßt.
Verbreitung: Siehe Abb. 5. Nördlichste Art der Gattung.
Bestimmung der Unterarten (erwachsene Exemplare):
1. Plastron einfarbig gelblich ohne Zeichnung
   a) Markierung der Nähte zwischen den vorderen Diskusschildern durch auffällig helle breite Streifen, Naht zwischen dem 2. und 3. Wirbelschild läuft fast gerade in die Naht zwischen den 2. und 3. Rippenschildern über . . . . . . . . . *picta*
   b) Markierung der Nähte zwischen den Diskusschildern gleichmäßig und normal durch schmale Streifen, Naht zwischen dem 2. und 3. Wirbelschild deutlich gegen die Naht zwischen den 2. und 3. Rippenschildern versetzt, markanter gelber oder rötlicher Dorsalstreifen (besonders bei jüngeren Exemplaren . . . . . . *dorsalis*
2. Plastron mit dunkler Zeichnung entlang der Symmetrieachse
   a) Plastronzeichnung lediglich entlang der Längsnähte der Plastronschilder; Diskusfeld des Carapax im Alter völlig einfarbig und zeichnungslos . . . . *marginata*
   b) Plastronzeichnung mit Ausläufern entlang der Quernähte der Plastronschilder, Carapax mit charakteristischer Netzwerkzeichnung . . . . . . . . . . . . . *belli*

2.2.2. *Chrysemys scripta* (Schoepff, 1972), Buchstaben-Schmuckschildkröte, Pond Slider (Tafel 3)

Gliederung der Art: Mindestens 15 Unterarten, wobei wahrscheinlich noch weitere geographische Unterarten unbeschrieben sind.
Größe: 13 bis fast 60 cm!

<table>
<tr><th>Gruppe</th><th>Unterart</th><th>♂<br>cm</th><th>♀<br>cm</th></tr>
<tr><td>scripta</td><td>scripta</td><td>14–18</td><td>19–27</td></tr>
<tr><td></td><td>elegans</td><td>9–22</td><td>16–28</td></tr>
<tr><td></td><td>troosti</td><td>14–21</td><td>17–21</td></tr>
<tr><td>gaigeae</td><td>gaigeae</td><td>bis 17</td><td>bis 22</td></tr>
<tr><td></td><td>hiltoni</td><td>bis 25</td><td>bis 28</td></tr>
<tr><td></td><td>taylori</td><td>bis 18</td><td>bis 22</td></tr>
<tr><td></td><td>nebulosa</td><td>bis 33</td><td>bis 37</td></tr>
<tr><td>ornata</td><td>cataspila</td><td colspan="2">bis 33</td></tr>
<tr><td></td><td>grayi</td><td colspan="2">bis fast 60</td></tr>
<tr><td></td><td>ornata</td><td colspan="2">bis 38</td></tr>
<tr><td></td><td>yaquia</td><td>bis 27</td><td>bis 31</td></tr>
<tr><td></td><td>venusta</td><td colspan="2">bis fast 50</td></tr>
<tr><td></td><td>callirostris</td><td colspan="2">bis 35</td></tr>
<tr><td>dorbigni</td><td>dorbigni</td><td>bis 21</td><td>bis 24</td></tr>
<tr><td></td><td>brasiliensis</td><td>bis 22</td><td>bis 25</td></tr>
</table>

Gestalt: Panzer erwachsener Tiere flach, häufig etwas langgestreckt. Nur *Ch. s. scripta* hat einen relativ höheren Panzer. In der Jugend bei allen Unterarten ein deutlicher Rückenkiel, der im Alter meist völlig verschwindet (mit Ausnahme einiger Unterarten der *ornata*-Gruppe, wo auch sehr alte und riesige Tiere Reste des Kiels haben können, sowie bei *Ch. s. scripta,* wo jungerwachsene Tiere noch einen Rückenkiel aufweisen. Im Alter flacht bei einigen Unterarten, z. B. *Ch. s. elegans,* der Panzer entlang der Mitte ab. Die Unterarten der *ornata*-Gruppe haben meist sehr ebenmäßig gewölbte Panzer, deren Längsschnitt stromlinienförmig verläuft. In der Jugend haben die Carapax-Schilder aller Unterarten deutliche konzentrische Anwachsstreifen, während bei alten Tieren die charakteristische Längsrillen-Skulpturierung über die Grenzen der Diskusschilder hinweg auftritt: feine, dicht beieinanderliegende wellige Furchen schaffen eine waschbrettartige Struktur der Carapaxoberfläche (Abb. 18).

G e s c h l e c h t s u n t e r s c h i e d e : Im allgemeinen deutlicher Größenunterschied zugunsten der ♀, am minimalsten ausgeprägt bei der *gaigeae*-Gruppe, sowie bei der *dorbigni*-Gruppe. Die ♂ haben bei allen Unterarten wesentlich stärker abgeflachte Panzer als die ♀. Die Krallenverlängerung der Vorderextremitäten bei den ♂ ist mit Ausnahme der *gaigeae*-Gruppe sehr deutlich. Die ♂ der *gaigeae*-Gruppe führen auch das gattungscharakteristische Balzspiel nicht aus. Bei den ♂ einiger Angehöriger der *ornata*-Gruppe (*grayi, venusta,* eventuell weitere) tritt eine markante Verlängerung der Nasenpartie als weiterer sekundärer Geschlechtsdimorphismus auf.

F ä r b u n g : Bei der Vielfalt der Unterarten ist eine generelle Beschreibung von Färbung und Zeichnung kompliziert. Bei den Jungtieren der meisten Unterarten treten mehr oder minder deutliche Ozellenflecken auf den Rippenschildern auf. Bei der *scripta*- und *dorbigni*-Gruppe werden sie im Alter zu hellen Querbarren auf jedem Rippenfeld reduziert. Bei der *ornata*- und *gaigeae*-Gruppe hingegen bleiben sie meist zeitlebens erhalten. Die Grundfarbe des Carapax ist häufig grünlich, auf der gelblich- bis orangebraune Zeichnungselemente stehen. In beiden Geschlechtern besteht bei alten Tieren, besonders in der *scripta*- und *gaigeae*-Gruppe, die Tendenz zur Verdüsterung aller Farben und Zeichnungselemente. Solche schwärzlichen Exemplare sind ohne Kenntnis ihrer Herkunft oft kaum hinsichtlich ihrer Unterartzugehörigkeit bestimmbar. Die Neigung zum Melanismus ist bei der *ornata*-Gruppe am geringsten entwickelt. Das Plastron zeigt bei Jungtieren entweder dunkle Flecken (*scripta*-Gruppe) oder dunkle Figuren entlang der Symmetrieachse und Quernähte der Bauchschilder. Bei juvenilen *Ch. s. callirostris* überzieht diese Zeichnung die gesamte Plastronfläche. Abgeschwacht bleibt sie ebenso großflächig auch im Alter erhalten, während andere Unterarten (besonders der *scripta*-Gruppe) die Fleckung reduzieren. *Ch. s. scripta* hat als einzige Unterart im Alter einen ungezeichneten gelblichweißen Bauchpanzer. Die Angehörigen der *gaigeae*- und *ornata*-Gruppen behalten zumindest deutlich erkennbare Reste der Plastronzeichnung. Bei adulten *Ch. s. hiltoni* entwickeln sich im Alter parallele dunkle Längsstreifen (mitunter unterbrochen) beiderseits der Symmetrieachse.

K o p f : Der Schläfenstreifen ist stets auffällig verdickt. Seine Farbe ist meist wie die anderen Kopfstreifen gelb, jedoch bei *Ch. s. elegans* kräftig organge bis rot (Trivialname!). Auch die Angehörigen der *dorbigni*-Gruppe und aus der *ornata*-Gruppe zumindest *callirostris, ornata* und *venusta* sowie aus der *gaigeae*-Gruppe *gaigeae* und *nebulosa* haben ± deutlich orange Schläfenstreifen bzw. -flecken. Die Form der Schläfenstreifen weicht bei *Ch. s. scripta* am stärksten ab, da sie ein nach unten verlaufendes, sich mit dem Augenstreifen verbindendes Abzeichen bildet (Abb. 1, l). Diese Ausprägung tritt besonders deutlich bei alten ♀ von *Ch. s. scripta* auf. Ebenso auffällig ist der isolierte rhombische Schläfenfleck von *Ch. s. gaigeae* (Abb. 1, h). Die Ausbildung der

Kehlstreifung ist ebenfalls unterartentypisch. Bei der *scripta*- und *gaigeae*-Gruppe verläuft sie meist durchgehend oder nur gegabelt, während bei der *ornata*-Gruppe die Gabelung nur selten auftritt, hier erfolgt vielmehr eine Aufgliederung des Kehlstreifens in deutlich begrenzte Abschnitte oder gar eine Punktkette (*Ch. s. callirostris*).

Gliedmaßen: Mit deutlichen gelben Streifen. Bei der *dorbigni*- und *ornata*-Gruppe sind die Streifen mitunter orange, besonders in Nähe des Rumpfes.

Verwandtschaftsbeziehungen: Innerhalb der Art verkörpert die *ornata*-Gruppe einerseits und die *gaigeae*-Gruppe andererseits ursprüngliche Vertreter der Schmuckschildkröten, während die *scripta*- und *dorbigni*-Gruppe entwicklungsgeschichtlich jüngere Zweige repräsentieren. Die Vermischung der Unterarten erfolgt am ehesten innerhalb der Gruppen, wo sich deren Areale berühren. Am häufigsten tritt das bei der *ornata*- und *gaigeae*-Gruppe auf. Die Ermittlung des Ursprungs solcher Bastarde ist häufig sehr kompliziert (siehe S. 25). Innerhalb der Untergattung *Trachemys* bestehen enge verwandtschaftliche Beziehungen von *Ch. scripta* zur zweiten Art, *Ch. terrapen*. Bastarde treten infolge der Inselverbreitung der zweiten Art allerdings nicht auf. Kreuzungen mit Vertretern anderer Untergattungen sind von *Ch. scripta* ebenfalls nicht bekannt geworden.

Verbreitung: Siehe Abb. 7. Von Nordamerika über Mittelamerika bis nach Südamerika (in einer geschlossenen Kette der Unterarten bis ins nördliche Südamerika). Die *dorbigni*-Gruppe hat dagegen ein deutlich isoliertes Areal in Südamerika.

Bestimmung der Unterarten (erwachsene Tiere):

*Vorbemerkung:* Die Kenntnis der Herkunft des zu bestimmenden Tieres ist in vielen Fällen eine unerläßliche Hilfe für seine Zuordnung, ebenso die Kenntnis der Alters- bzw. Jugendfärbung, d. h. also die Vergleichsmöglichkeit einer gewissen Anzahl von unterschiedlich großen Exemplaren gleicher Herkunft.

1. Plastron einfarbig hell; dunkler, relativ hoher Panzer mit deutlichen gelben Querbarren auf jedem Rippenschild; Schläfenfleck gelb und abwärts zeigend (Abb. 1, l) . . . . . . . . . . . . . . . . . . . . *scripta*
2. Plastron mit isolierten dunklen Flecken
   a) Flecken massiv, z. T. miteinander verbunden; Schläfenfleck kräftig orange bis rot (Abb. 1, f) . . . . . . . . . . . . . . . . . . *elegans*
   b) Flecken massiv oder mit hellem Zentrum, stets aber mit dunkler Konturlinie umgeben; Augenstreifen gabelig mit Unterkieferstreifen verbunden; Schläfenfleck orange bis gelborange . . . . . . . . . . . . . . . . . . . . . . . *troosti*
3. Plastron mit massiven, z. T. unterbrochenen dunklen Längsbinden beiderseits der Symmetrieachse; Schläfenstreifen blaß orange (Abb. 1, j); solide dunkle Streifen auf der Brücke sowie dunkle solide Ozellenflecken auf der Bauchseite der Randschilder . . . . . . . . . . . . . . . . . . . . *hiltoni*
4. Plastron mit massiver dunkler Figur entlang der Schildernähte, häufig auch als breite dunkle Fläche entlang der Plastronmitte
   a) Schläfenstreifen gelborange; Gliedmaßenstreifen gelb . . . . . . . . . *dorbigni*
   b) Schläfenstreifen kräftiger orange; Gliedmaßenstreifen ebenfalls leicht orange . . . . . . . . . . . . . . . . . . *brasiliensis*
5. Plastron mit netzartiger dunkler Zeichnung über die ganze Fläche; deutliche konzentrische Ozellenflecken auf jedem Rippenschild. Ihr dunkles massives Zentrum wird

mindestens von zwei hellen (orangen) Konturlinien umgeben; Kehlstreifen in scharf umrandete Punkte aufgelöst . . . . . . . . . . . . . . . . . . . . . . . . . *callirostris*

6. Plastron mit deutlicher dunkler symmetrischer Figur entlang der Symmetrieachse, von der zumindest die Konturlinien gut sichtbar sind;
   a) mit großen, das Rippenschild jeweils fast ausfüllenden Ozellenflecken
      1) die Konturlinien der Ozellenflecken sind z. T. miteinander verbunden; Kehlstreifen etwa in der Kinnmitte deutlich in zwei Teile unterbrochen . . *ornata*
      2) Konturlinien der Ozellenflecken nicht miteinander verbunden; Schläfenstreifen gelborange; Kehlstreifen durchgehend . . . . . . . . . . . . . . . . . *cataspila*
      3) Konturlinien der Ozellenflecken nicht miteinander verbunden; Schläfenstreifen orange bis rot; Kehlstreifen ungegabelt, aber deutlich unterbrochen . . *venusta*
      4) ähnlich 2 und 3, Ozellenflecken jedoch nur mit einer hellen Konturlinie; Grundfarbe des Carapax grünlich; Kopf mit auffällig verlängertem Nasenteil; Kehlstreifen gegabelt; alle Kopfstreifen incl. Schläfenstreifen gelb . . . *grayi*
   b) mit kleinen, das Rippenschild keineswegs ausfüllenden Ozellenflecken
      1) die Ozellenflecken liegen am hinteren Rand des jeweiligen Rippenschildes; Kehlstreifen bildet in der Mitte einen Schnörkel; Bauchseite der Randschilder mit kleinen, deutlichen, isolierten Ozellenflecken . . . . . . . . . . . . *yaquia*
      2) die Ozellenflecken liegen fast wahllos auf dem jeweiligen Rippenschild; Kehlstreifen unterbrochen oder gegabelt; Bauchseite der Randschilder mit sehr großen Ozellenflecken, die aneinander anstoßen . . . . . . . . . . . . *taylori*
   c) mit Netzwerk-Zeichnung aus sehr kleinen, miteinander verbundenen Ozellenflecken über die Rippenschilder; orangegelber Schläfenfleck von markanter rhombischer Form und scharf umgrenzt . . . . . . . . . . . . . . . . . . *gaigeae*
   d) mit verwaschenen hellen Querbarren auf den Rippenschildern, wovon zumindest die auf dem ersten Rippenschild deutlich erkennbar sind; unterbrochene, solide dunkle Streifen an der Brücke; Schläfenfleck gelblich-orange; Carapax auch im Alter häufig noch leicht gekielt . . . . . . . . . . . . . . . . . . . . . . . *nebulosa*

2.2.3. *Chrysemys terrapen* (Lacépède, 1788), Antillen-Schmuckschildkröte, Antillean turtle, Jicotea (Tafel 3)

Gliederung der Art: Etwa 10 Unterarten, deren Status z. T. noch sehr schlecht erforscht ist
Größe: 20–38 cm

| Gruppe | Unterart | ♂ cm | ♀ cm |
|---|---|---|---|
| *terrapen* | *terrapen* | bis über 30 | |
| | *felis* | | |
| *granti* | *granti* | bis 27 | bis 30 |
| *decussata* | *decussata* | 25–38 | |
| | *angusta* | | |
| | *plana* | | |
| | *malonei* | | |
| *decorata* | *decorata* | bis über 20 | |
| *stejnegeri* | *stejnegeri* | bis über 25 | |
| | *vicina* | | |

G e s t a l t : Der Panzer erwachsener Tiere ist langgestreckt und verhältnismäßig schmal, dazu flach. Nur *Ch. t. felis* und *Ch. t. malonei* scheinen etwas hochrückiger zu sein. Bemerkenswert ist, daß die meisten *Ch. terrapen* auch im Alter den in der Jugend stets vorhandenen Rückenkiel in etwas abgeschwächter Gestalt beibehalten. Der Hinterrand des Carapax ist deutlich gesägt. Bei Jungtieren ist die Oberfläche der Carapaxschilder von konzentrischen Anwachsstreifen bedeckt, während ältere Exemplare die charakteristische Längsrillen-Skulpturierung des Carapax in sehr markanter Weise aufweisen (vgl. die Beschreibung bei *Ch. scripta*).

G e s c h l e c h t s u n t e r s c h i e d e : Größenunterschied zugunsten der ♀ nicht so kraß wie bei einigen anderen Schmuckschildkröten. Die ♂ haben deutlich verlängerte Krallen an den Vorderextremitäten. Der Melanismus (Schwarzfärbung) ist als Geschlechtsunterschied nicht bewertbar, obwohl bei einigen Unterarten (z. B. *Ch. terrapen felis* und *Ch. t. decussata*) alte ♂ überwiegend melanistisch sind.

F ä r b u n g : Carapax bei der Mehrzahl der Unterarten einfarbig braun oder mit brauner Grundfarbe und unregelmäßiger dunkler (schwärzlicher) Maserung und besonders dunkler Markierung der Schildernähte. Bei halbwüchsigen Exemplaren verläuft rings um den Panzer ein heller Rand an der Außenkante der Randschilder, der einen auffälligen Kontrast zur dunklen Grundfarbe bildet. Jüngere Exemplare haben meist auch auf den Randschildern deutliche Reste einer Ozellenzeichnung. Bei *Ch. t. granti* tritt in der Jugend auch auf jedem Rippenschild ein dunkler Ozellenfleck mit heller Umrandung auf. Auch *Ch. t. decorata* hat mehr oder weniger deutliche Reste einer Ozellenzeichnung auf den Rippenschildern. Der Alters-Melanismus tritt in zwei sehr verschiedenen Formen auf:

1) die Tiere werden im ganzen (Panzer wie Hautteile) einheitlich dunkel oder
2) es kommt zu einer starken Aufhellung der Grundfarbe des Panzers, auf der dann kontrastreich schwärzliche Zeichnung steht! Die Zeichnung kann eine einfache Markierung der Schildergrenzen als breite schwarze Streifen sein. Seltener ist die schwarze Zeichnung ein unregelmäßiges Schnörkel-Muster, das gleichmäßig den ganzen Panzer überzieht. In diesem Fall werden auch Gliedmaßen und Kopf von diesem Muster überzogen, so daß die Streifung vollkommen verlorengeht.

Das Plastron ist bei einigen Formen ungezeichnet. Bei *Ch. t. decorata* weist es unregelmäßig angeordnete, scharf umrandete Flecken auf. Bei *Ch. t. stejnegeri* und *Ch. t. vicina* sind die Flecken sehr groß und miteinander verbunden. Meist bilden sie eine symmetrische Figur, die entlang der Längs- und Quernähte der Plastronschilder verläuft.

K o p f : Die Kopfstreifen sind in der Regel sehr deutlich ausgebildet. Der Schläfenstreifen ist auffällig verdickt und entspricht in der Gestalt demjenigen von *Ch. scripta elegans*. Die Kopfstreifen sind meist gelb bis weißlich-gelb. Bei *Ch. t. decussata, Ch. t. plana, Ch. t. stejnegeri* und *Ch. t. granti* ist der Schläfenstreifen jedoch orange bis kräftig rot.

Melanistische Exemplare haben entweder völlig schwarze Köpfe ohne Streifung oder ein Muster aus hellen Flecken mit deutlichen dunklen Konturlinien.

Der Kehlstreifen ist meist gegabelt.

G l i e d m a ß e n : Mit deutlichen gelben Streifen, die bei *Ch. t. decorata* besonders breit sind. Melanistische Exemplare meist mit völlig dunklen Gliedmaßen.

V e r w a n d t s c h a f t s b e z i e h u n g e n : Jungtiere von *Ch. t. granti* und *Ch. t.*

*decorata* offenbaren den ursprünglichen Ozellenzeichnungstyp des Carapax, der auf die Verwandtschaft zu *Ch. scripta* hinweist. Auch in der Kopfstreifung treten weitgehende Übereinstimmungen innerhalb der Untergattung *Trachemys* auf. Bastarde mit anderen Arten – sowohl der eigenen Untergattungen als mit anderen – treten aufgrund der Inselverbreitung nicht auf. Über die Übergänge zwischen Unterarten, die ihr Areal auf einer der Großen Antillen teilen (Kuba, Hispaniola), fehlen noch Informationen.
Verbreitung: Siehe Abb. 6. Beschränkt auf die Großen Antillen und angrenzende Inseln.

Bestimmung der Unterarten (erwachsene Tiere):
*Vorbemerkung:* Zur sicheren Zuordnung von Antillen-Schmuckschildkröten ist die Kenntnis ihrer Herkunft unbedingt erforderlich. Melanistische alte Exemplare sind ohne diese Information meist nicht genauer zu bestimmen.

1. Carapax-Grundfarbe hell, mit unregelmäßiger dunkler Konturen- oder Schnörkelzeichnung; Kopf ohne Zeichnung, entweder gänzlich dunkel oder mit dunkel gerandeten kleinen hellen Flecken . . . . . *decussata*-Gruppe – (melanistische Exemplare)
2. Carapax-Grundfarbe dunkelbraun oder oliv
   a) Plastron hell, ohne Zeichnung
      1) Kehlschilder ragen nicht über den Vorderrand des Bauchpanzers, erscheinen gerade abgestutzt . . . . . . . . . . . . . . . . . . . . . . . *terrapen* oder *felis*
      2) Kehlschilder überragen den Vorderrand des Bauchpanzers, erscheinen gerade abgestutzt; Schnauze unterhalb des vorderen Augenrandes vertieft
         erstes Wirbelschild etwa so lang wie breit, seine Seitenränder parallel oder nach vorn verbreitert . . . . . . . . . . . . . . . . . . . . . . . *terrapen*
         erstes Wirbelschild länger als breit, vorn schmaler als hinten; Jungtiere mit Ozellenzeichnung auf den Rippenschildern . . . . . . . . . . . . . . *granti*
   b) Plastron mit einzelnen dunklen Flecken, die ein helles Zentrum haben. Ähnliche Ozellenflecken auf der Bauchseite der Randschilder . . . . . . . . . . *decorata*
   c) Plastron mit großer dunkler symmetrischer Figur entlang der Symmetrieachse
      1) Schnauze unterhalb des vorderen Augenrandes vertieft . . . . . . . *decussata* oder *angusta* oder *plana*
      2) Schnauze gleichmäßig abgerundet; Carapax kurz, elliptisch, in der Mitte am breitesten . . . . . . . . . . . . . . . . . . . . . . . . . . . *malonei*
         Carapax gestreckt, größte Breite in der hinteren Hälfte;
         dunkle Zeichnung des Plastrons erreicht den Vorderrand der Kehlschilder . . . . . . . . . . . . . . . . . . . . . . . . . . . . *stejnegeri*
         dunkle Zeichnung des Plastrons erreicht nur den Hinterrand der Kehlschilder . . . . . . . . . . . . . . . . . . . . . . . . . . . . *vicina*

---

**Tafel 1.** 1 *Chrysemys picta picta,* 2 *Ch. p. belli,* 3 *Ch. p. dorsalis,* 4 *Ch. rubriventris rubriventris* 5 *Ch. r. alabamensis,* 6 *Ch. p. marginata,* 7 *Ch. r. bangsi,* 8 *Ch. r. nelsoni.* Orig. W. Leuck
Es sind auf den drei Farbtafeln vorwiegend jungerwachsene Tiere abgebildet, die sowohl noch Reste der Jugendzeichnung als auch bereits Merkmale der adulten Exemplare aufweisen. Nicht berücksichtigt wurden Färbungen sehr alter Tiere

1
2
3
4
6
5
7
8

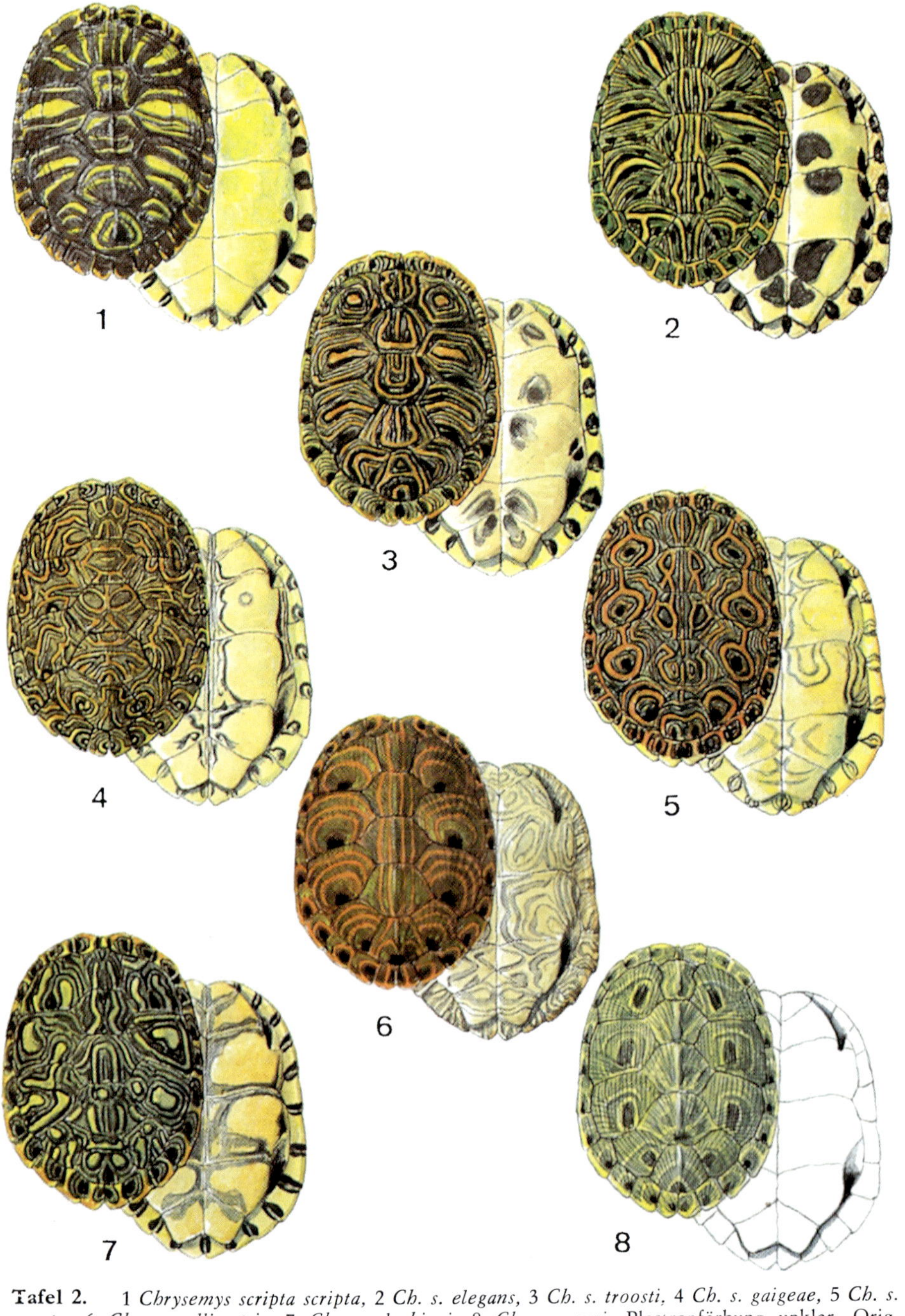

**Tafel 2.** 1 *Chrysemys scripta scripta,* 2 *Ch. s. elegans,* 3 *Ch. s. troosti,* 4 *Ch. s. gaigeae,* 5 *Ch. s. ornata,* 6 *Ch. s. callirostris,* 7 *Ch. s. dorbigni,* 8 *Ch. s. grayi,* Plastronfärbung unklar. Orig. W. Leuck

**Tafel 3.** 1 *Chrysemys concinna concinna,* 2 *Ch. c. hieroglyphica,* 3 *Ch. c. suwanniensis,* 4 *Ch. c. texana,* 5 *Ch. floridana floridana,* 6 *Ch. f. hoyi,* 7 *Ch. f. peninsularis,* 8 *C. terrapen decussata.* Orig. W. Leuck

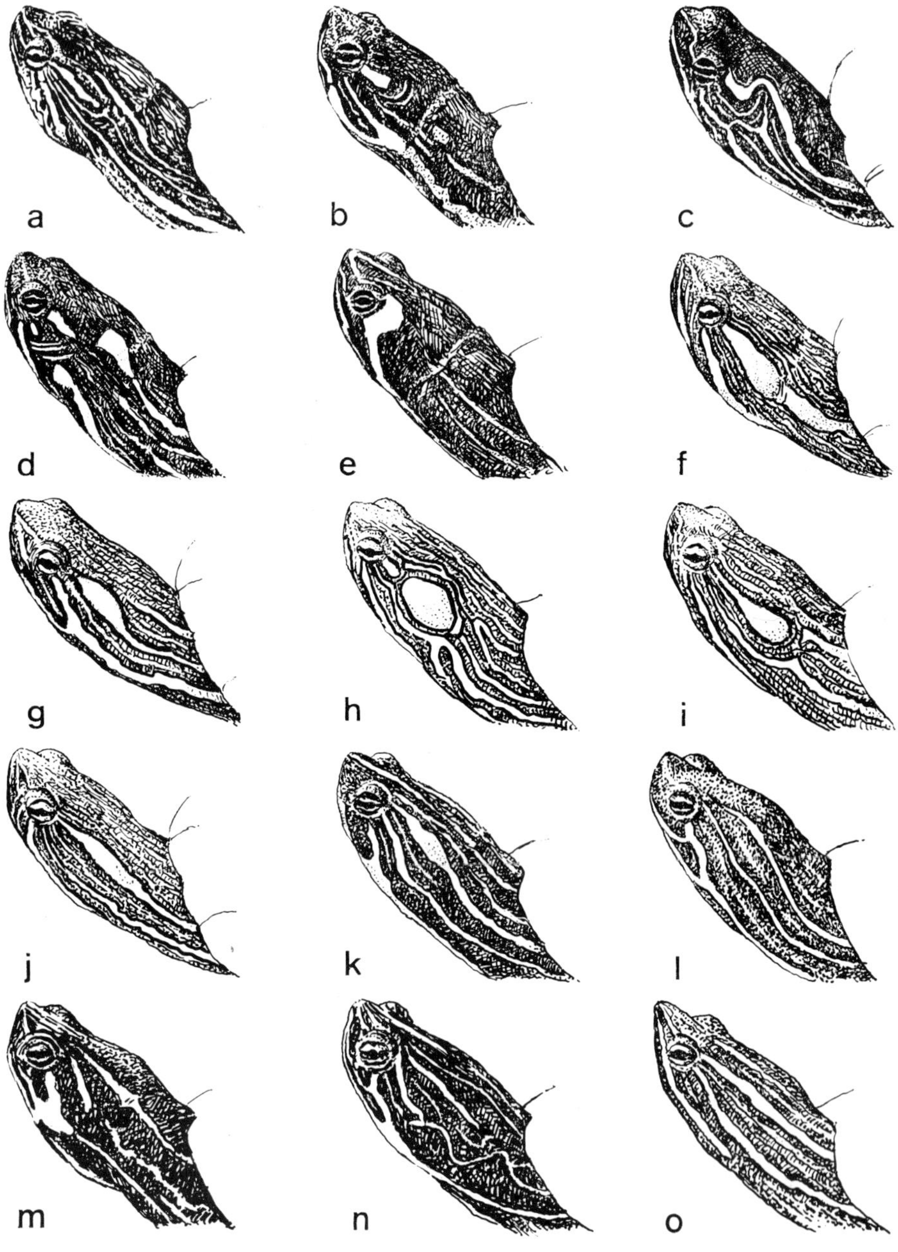


Abb. 1. Seitliche Kopfzeichnung verschiedener Schmuckschildkröten. Orig. W. L e u c k. a *Chrysemys picta belli*, b *Ch. p. picta*, c *Ch. p. dorsalis*, d *Ch. p. marginata*, e *Ch. scripta scripta*, f *Ch. s. elegans* und *Ch. s. cataspila* sowie *Ch. terrapen* (Unterarten), g *Ch. s. troosti*, h *Ch. s. gaigeae*, i *Ch. s. taylori*, j *Ch. s. yaquia* und *Ch. s. ornata, hiltoni, dorbigni*, k *Ch. concinna concinna*, l *Ch. c. hieroglyphica*, m *Ch. floridana peninsularis*, n *Ch. rubriventris rubriventris*, o *Ch. scripta grayi* und *Ch. s. venusta*

## 2.2.4. *Chrysemys concinna* (Le Conte, 1830), Hieroglyphen-Schmuckschildkröte, River Cooter (Tafel 3)

Gliederung der Art: Fünf Unterarten
Größe: 15–42 cm

| | | |
|---|---|---|
| *Chrysemys concinna concinna* | ♂ 27–31 cm, | ♀ bis 32 cm |
| *Ch. c. hieroglyphica* | ♂ bis 26 cm, | ♀ bis 37 cm |
| *Ch. c. mobilensis* | ♂ bis 25 cm, | ♀ bis 32 cm |
| *Ch. c. suwanniensis* | ♂ bis 30 cm, | ♀ bis 40 cm |
| *Ch. c. texana* | ♂ bis 24 cm, | ♀ bis 27 cm (kleinste Unterart) |

Gestalt: Panzer flach, länglich gestreckt. Die Unterarten *mobilensis* und *texana* sind etwas hochrückiger als die übrigen, durchweg zugleich großwüchsigeren Unterarten. In der Jugend haben alle *Ch. concinna* einen schwachen Rückenkiel, der sich bei *Ch. c. texana* am längsten erkennen läßt, im Alter aber immer vollkommen verschwindet. Die Panzer alter Tiere sind häufig längs der Mitte deutlich abgeflacht und haben einen waagerecht ausladenden Hinterrand. Der Hinterrand des Carapax ist wie bei der sehr ähnlichen *Ch. floridana* leicht gesägt. Während die Carapaxschilder junger Tiere konzentrische Anwachsstreifen zeigen, haben alte Tiere die charakteristische Längsrillen-Skulpturierung wie *Ch. floridana* und andere Vertreter der Untergattungen *Pseudemys* und *Trachemys*.
Geschlechtsunterschiede: In der Regel ist der Größenunterschied zugunsten der ♀ recht deutlich, obwohl bei einigen Unterarten Exemplare beider Geschlechter mit annähernd gleicher maximaler Panzerlänge gefunden werden. Infolge der relativ niedrigen Panzer der ♂ haben sie aber bei gleicher Panzerlänge eine geringere Körpermasse als die ♀. Die Krallenverlängerung an den Vorderextremitäten der ♂ ist beträchtlich und sehr auffällig.
Färbung: Der Carapax junger Tiere ist von Ozellenflecken bedeckt, die meist mehrere Konturlinien haben und miteinander zu verschmelzen beginnen. Im Alter entsteht daraus die „Hieroglyphen"-Zeichnung. Bei *Ch. c. suwanniensis* und *Ch. c. hieroglyphica* entsteht auf den 2. Rippenschildern ein helles Abzeichen in Gestalt eines „C". Bei *Ch. c. concinna* und *Ch. c. texana* bleiben häufig auch Ozellenflecken mit mehreren Konturlinien als Zeichnung erhalten. Im Alter tritt bei nahezu allen Unterarten eine starke Tendenz zur einheitlichen Verdüsterung und folglich zum Verlöschen der Zeichnung auf.

Das Plastron juveniler Exemplare zeigt häufig ein mehr oder weniger deutliches dunkles Abzeichen in Gestalt eines „X" auf dem Brust- bzw. Brust- und Kehlschildern. Darüber hinaus treten dunkle Zeichnungselemente mit verschwommenen Konturen entlang der Symmetrieachse bzw. auch entlang der Quernähte des Plastrons auf. Mit zunehmendem Alter verblaßt diese Zeichnung, bleibt aber i. U. zu *Ch. floridana* stets in Resten sichtbar. Bei der Nominat-Unterart kann sogar eine weitgehende Verdunklung der gesamten Plastronfläche eintreten. Die Bauchseite der Randschilder zeigt stets Ozellenflecken, meist mit einem hellen Zentrum.
Kopf: Die Schläfenstreifen zeigen wie bei *Ch. floridana* die Tendenz zur Auflösung in mehrere schmale Streifen. Nur bei *Ch. c. texana* bilden sie einen auffälligen Fleck (vgl. Abb.4). Der Augenstreifen ist wie bei *Ch. floridana* gabelig mit dem Unterkiefer-

Abb. 2. Anordnung der seitlichen Streifen des Kopfes. Kombiniert nach verschiedenen Autoren. A *Chrysemys floridana peninsularis,* B *Ch. concinna texana*

Streifen verbunden, bildet zudem bei *Ch. c. texana* eine auffällige Verzweigung, die nach oben gerichtet ist (vgl. Abb. 2 B). Alle Streifen an Kopf und Hals sind gelb.
Gliedmaßen: Bei einigen Unterarten markante, bei anderen sehr schmale und im Alter weitgehend verblassende gelbe Streifen. Ebenso unterschiedlich ist die Streifung auf dem Schwanz ausgeprägt (siehe Bestimmung der Unterarten).
Verwandtschaftsbeziehungen: *Ch. concinna* ist innerhalb der Untergattung *Pseudemys* sehr eng mit *Ch. floridana* verwandt. Ihre Unterarten kreuzen sich in den Überschneidungsgebieten der Areale unbeschränkt. Infolgedessen ist der Artstatus umstritten, so daß einige Spezialisten beide Rassenkreise unter *Ch. floridana* zusammenfassen.

Auch mit *Ch. rubriventris* werden natürliche Bastarde beobachtet.
Verbreitung: Siehe Abb. 10. Auf den Osten und Süden Nordamerikas beschränkt.

Bestimmung der Unterarten (erwachsene Tiere):

1. Vorderrand des Oberkiefers eingeschnitten (Abb. 3 B)
   a) Streifen der Kopfoberseite als feine dünne Linien (Abb. 4 A); Augenstreifen verläuft wellig nach hinten, ohne Verzweigung nach oben zu bilden (Abb. 1, I) . . . . *hieroglyphica*
   b) Streifen der Kopfoberseite bilden beiderseits deutlichen Fleck (Abb. 4 C); Augenstreifen bildet einen aufwärts zeigenden Ausläufer (Abb. 2 B) . . . . . . *texana*
2. Vorderrand des Oberkiefers glatt (Abb. 3 C)
   a) Ozellenflecken auf der Bauchseite der Randschilder einheitlich dunkel ohne helles Zentrum . . . . . . . . . . . . . . . . . . . . . . . . . . . . . . *mobilensis*
   b) Ozellenflecken auf der Bauchseite der Randschilder mit hellem Zentrum
      1) Plastron nur entlang der Schildernähte mit dunkler Zeichnung; C-förmiges

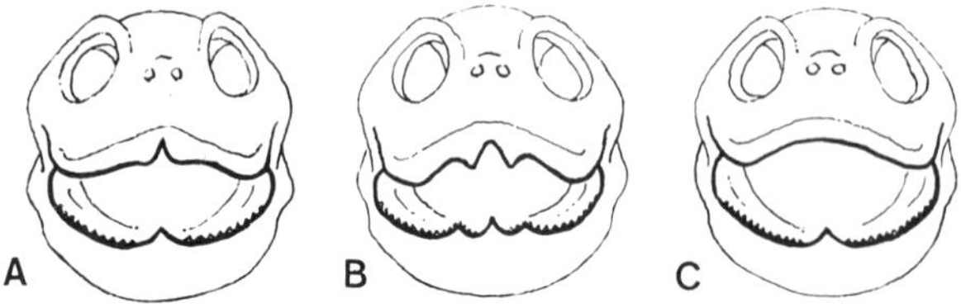


Abb. 3. Schema der Kieferformen bei Schmuckschildkröten. Kombiniert nach Carr und Fritz. A Untergattung *Chrysemys (Ch. picta),* Untergattung *Trachemys (Ch. scripta, Ch. terrapen)*; B Untergattung *Pseudemys (Ch. rubriventris,* alle Unterarten, *Ch. floridana hoyi, Ch. concinna hieroglyphica* und *Ch. c. texana)*; C Untergattung *Pseudemys (Ch. concinna concinna, Ch. c. mobilensis, Ch. c. suwanniensis, Ch. floridana floridana, Ch. f. peninsularis)*

Abzeichen auf den 2. Rippenschildern meist deutlich; Oberseite des Schwanzes mit hellen Streifen . . . . . . . . . . . . . . . . . . . . . . . . *suwanniensis*

2) Plastron häufig im ganzen sehr dunkel; Carapax mit undeutlicher Schnörkelzeichnung; Oberseite des Schwanzes ohne helle Streifen . . . . . . . .*concinna*

### 2.2.5. *Chrysemys floridana* (Le Conte, 1830), Florida-Schmuckschildkröte, Cooter (Tafel 3)

Gliederung der Art: Drei Unterarten

Größe: 22–40 cm

| | | |
|---|---|---|
| *Chrysemys floridana floridana* | ♂ 22 cm, | ♀ 40 cm |
| *Ch. f. hoyi* | ♂ 18–22 cm, | ♀ 30 cm |
| *Ch. f. peninsularis* | ♂ 22–31 cm, | ♀ 40 cm |

Gestalt: Panzer allgemein flach, länglich gestreckt. Nur *Chrysemys floridana peninsularis* hat einen etwas höheren Panzer als die anderen Unterarten. In der Jugend bei allen Unterarten ein schwacher Rückenkiel, der im Alter völlig verschwindet. Nur *Ch. f. peninsularis* hat auch im Alter keinen gänzlich abgeflachten Panzer, sondern einen leichten Rückenfirst, jedoch keinen hervortretenden Kiel. In der Jugend tragen die Carapaxschilder deutliche konzentrische Anwachsstreifen. Im Alter verschwinden diese völlig und machen der charakteristischen Alterskulpturierung Platz: feine wellenförmige Längsrillen verlaufen längs der Körperachse über die Diskusschilder, häufig ohne sich an den Schildergrenzen zu unterbrechen.

Geschlechtsunterschiede: Größenunterschied zugunsten der ♀ beträchtlich. Die Abflachung des Panzers der ♂ ist gegenüber dem der ♀ deutlich sichtbar. Die hintere Region des Carapax sehr alter ♂ weist einen waagerecht abstehenden oder gar leicht aufgebogenen Rand auf. Die Krallenverlängerung an den Vorderextremitäten der ♂ ist beträchtlich und sehr auffällig.

Färbung: Der Carapax ist in der Jugend mit vielrandigen Ozellenflecken bedeckt, die z. T. ineinanderfließen. Davon bleibt im Alter ein verwaschenes Netzwerk oder nur eine undeutliche Querbarrenzeichnung auf den Rippenschildern erhalten. Bei *Ch. f. floridana* hat der Querstrich auf dem ersten Rippenschild meist die Form eines kopfstehenden T, während bei *Ch. f. peninsularis* nur ein einfacher verwaschener Barren zu sehen ist. Die Nominat-Unterart sowie *Ch. f. hoyi* haben im Alter die Tendenz zur starken Verdüsterung der Grundfarbe des Carapax, wodurch die Zeichnungsreste völlig verschwinden. Das Plastron aller *Ch. floridana*-Unterarten ist im Alter einfarbig gelb bis gelblich-weiß ohne Fleckung. Die Bauchseite der Randschilder ist ebenfalls gelb, zeigt aber stets noch mehr oder weniger deutliche dunkle Ozellenflecken.

Kopf: Die Schläfenstreifen haben die Tendenz zur Auflösung in mehrere Streifen: Gabelung in zwei Streifen bei *Ch. f. peninsularis,* Auflösung in noch mehr Streifen bei *Ch. f. floridana* und *Ch. f. hoyi.* Der Augenstreifen ist gabelig mit dem Unterkieferstreifen verbunden. Kopfzeichnung sehr ähnlich bei verschiedenen *Ch. concinna*-Unterarten (vgl. Abb. 1 und 2). Alle Streifen an Kopf und Hals gelb bis weißlich.

Gliedmaßen: Mit schmalen gelben Streifen. Bei sehr alten Tieren können sie nahezu vollständig von der dunklen Grundfarbe überdeckt sein.

Verwandtschaftsbeziehungen: *Ch. floridana* ist innerhalb der Untergattung *Pseudemys* sehr eng mit *Ch. concinna* verwandt. Bastarde zwischen den Unterarten beider Arten treten sehr häufig auf, sie sind oft sehr schwer zu identifizieren. Kreuzungen mit *Ch. rubriventris* sind ebenfalls zu beobachten, sind aber seltener.

Die Unterarten von *Ch. floridana* haben keine scharf begrenzten Areale, so daß in den Übergangszonen ein fließender Übergang zwischen den Unterarten zu beobachten ist. *Ch. f. peninsularis* ist die ursprünglichste der *floridana*-Unterarten.

Verbreitung: Siehe Abb. 11. Auf den Osten und Südosten Nordamerikas beschränkt.

Bestimmung der Unterarten (erwachsene Exemplare):

1. Bauchseite der Randschilder mit soliden dunklen Flecken; Kopfoberseite mit einfach gegabelten Schläfenstreifen (Abb. 4 B) . . . . . . . . . . . . . . . . . . . . . *peninsularis*
2. Bauchseite der Randschilder mit mehr oder weniger deutlichem hellem Zentrum und mehrfachen Konturringen; Kopfoberseite mit zahlreichen feinen Streifen anstelle des Schläfenstreifens (Abb. 4 A)
   a) Oberkieferrand vorn mit deutlichem mittlerem Einschnitt (Abb. 3 B) . . . *hoyi*
   b) Oberkieferrand vorn glatt (Abb. 3 C) . . . . . . . . . . . . . . . . . . *floridana*

2.2.6. *Chrysemys rubriventris* (Le Conte, 1830), Rotbauch-Schmuckschildkröte, Redbellied turtle, Tafel 1

Gliederung der Art: Vier Unterarten

Größe: 20–40 cm

| | | |
|---|---|---|
| *Chrysemys rubriventris rubriventris* | ♂ 21 cm, | ♀ 40 cm |
| *Ch. r. bangsi* | ♂ 25 cm, | ♀ 40 cm |
| *Ch. r. alabamensis* | ♂ 20 cm, | ♀ 34 cm |
| *Ch. r. nelsoni* | ♂ 20 cm, | ♀ 34 cm |

Gestalt: Panzer im Unterschied zu den anderen Schmuckschildkröten relativ hochrückig, besonders deutlich bei *Ch. r. bangsi* und *Ch. r. nelsoni*, während *Ch. r. alabamensis* die flachrückigste Unterart ist. Carapax bei juvenilen und subadulten Exemplaren mit deutlichem Rückenkiel, der im Alter völlig reduziert wird. Am längsten bleibt er bei *Ch. r. rubriventris* sichtbar. In der Jugend zeigen die Carapaxschilder deutliche konzentrische Anwachsstreifen, die bei alten Tieren wieder verschwinden. Der ebenmäßige Panzer alter Tiere ist auf dem Rücken von dicht beieinander liegenden Längsrillen bedeckt, die am deutlichsten bei *Ch. r. alabamensis* auftreten, während *Ch. r.*

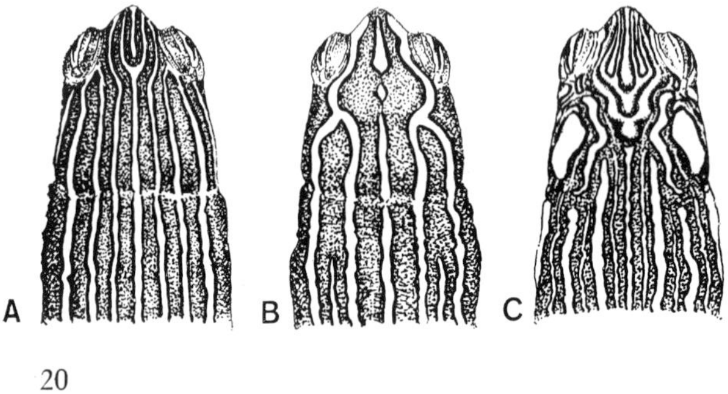


Abb. 4. Kopfoberseitenzeichnung bei *Chrysemys concinna* und *Ch. floridana*. Kombiniert nach Carr. A Zeichnungstyp bei *Ch. c. concinna, Ch. c. hieroglyphica, Ch. c. mobilensis, Ch. f. floridana, Ch. f. hoyi;* B Zeichnungstyp bei *Ch. c. suwanniensis, Ch. f. peninsularis;* C Zeichnungstyp bei *Ch. c. texana*

*nelsoni* auch im Alter einen nahezu glatten Carapax haben kann. Der Hinterrand des Carapax kann auch im Alter leicht gesägt sein.
G e s c h l e c h t s u n t e r s c h i e d e : Größenunterschied zugunsten der ♀ beträchtlich. Der Panzer der ♂ ist etwas flacher und am Plastron leicht konkav eingedellt. Die Krallenverlängerung an den Vorderextremitäten der ♂ ist deutlich, jedoch nicht so extrem wie bei manchen anderen Arten.
F ä r b u n g : Carapaxfärbung im Alter mit Tendenz zur braunen (bei *Ch. r. alabamensis*) bis schwarzbraunen Einfarbigkeit (restliche Unterarten). Die Jugendzeichnung des Carapax besteht aus mehrrandigen Ozellenflecken, die miteinander verfließen können. Im Alter bleiben davon nur bei *Ch. r. rubriventris* Reste in Gestalt rötlicher Flekken auf jedem der Rippenschilder, während bei *Ch. r. nelsoni* helle (rötliche) Querstreifen auf den Rippenschildern auftreten. *Ch. r. alabamensis* neigt zur völligen Zeichnungslosigkeit des Carapax. Das Plastron ist in der Jugend gelb-orange, während es im Alter kräftiges Ziegelrot als Grundfarbe zeigen kann. Bei Jungtieren ist es mit unregelmäßigen, oft zusammenhängenden größeren dunklen Flecken bedeckt (*Ch. r. rubriventris* und *Ch. r. bangsi*), bei *Ch. r. nelsoni* mit kleinen isoliert stehenden Flecken. Im Alter verschwindet diese Fleckung meist völlig bis auf dunkle Streifen zur Brücke hin. Die Bauchseite der Randschilder des Carapax zeigt auch im Alter bei *Ch. r. nelsoni* noch kompakte Ozellenflecken, während diese bei *Ch. r. alabamensis* stark verwaschen sind.
K o p f : Augenstreifen gabelig mit Unterkieferstreifen verbunden, Kehlstreifen gabelt sich zum Körper hin. Alle Kopfstreifen sind gelb bis weißlich (Abb. 1, n).
G l i e d m a ß e n : Mit schmalen gelben Streifen. Bei sehr alten Tieren mitunter einfarbig dunkle Gliedmaßen.
V e r w a n d t s c h a f t s b e z i e h u n g e n : *Ch. rubriventris* ist innerhalb der Untergattung *Pseudemys* die ursprünglichste Art im Vergleich mit den höher spezialisierten *Ch. concinna* und *floridana*. Der genetische Abstand zu den verwandten Arten ist jedoch noch so gering, daß auch in der Natur Bastarde mit beiden verwandten Arten gefunden werden. Aufgrund der isolierten Areale der Unterarten werden hingegen keine Übergangsformen zwischen den Unterarten beobachtet. Die beiden nördlichen Unterarten *rubriventris* und *bangsi* bilden neben den beiden südlichen Unterarten *nelsoni* und *alabamensis* eine deutliche Gruppe.
V e r b r e i t u n g : Siehe Abb. 9. Auf den Osten Nordamerikas beschränkt.
B e s t i m m u n g d e r U n t e r a r t e n (erwachsene Exemplare):

1. Plastron nahe der Brücke zum Carapax mit deutlichen dunklen Schnörkeln oder breiten Linien auf den Pectoral- und Abdominalschildern. Außerdem dunkle Ozellen oder unregelmäßige Flecken auf den Bauchseiten der Randschilder des Carapax
   a) Carapax etwa 2,5mal so lang wie hoch . . . . . . . . . . . . . . . . . *rubriventris*
   b) Carapax weniger als 2,5mal so lang wie die Höhe . . . . . . . . . . . . . *bangsi*
2. Plastron in Nähe der Brücke einfarbig und zeichnungslos, lediglich die Bauchseite der Randschilder des Carapax mit dunklen Ozellen oder Schnörkeln
   a) Neben dem auffälligen gelben Augenstreifen keine weiteren dünnen Parallelstreifen; 1. Rippenschild meist mit rötlichem Abzeichen in Form eines auf dem Kopf stehenden V; deutliche dunkle Ozellen auf der Bauchseite der Randschilder, Plastron häufig mit verstreut liegenden deutlichen dunklen Flecken . . . . *nelsoni*

b) Neben dem Augenstreifen weitere, dünnere, parallel verlaufende Streifen; Plastron ungefleckt, Bauchseite der Randschilder sehr undeutlich und verwaschen gezeichnet . . . . . . . . . . . . . . . . . . . . . . . . . . . . . . . *alabamensis*

## 2.3. Die Unterarten, ihre Entstehung und Verbreitung

Für die Entstehung der geographischen Unterarten haben geographische Isolationsprozesse stets die wesentlichste Ursache gebildet. Als zweiter Faktor kommt die unterschiedlich starke Expansionsfreudigkeit der Arten hinzu, die das Areal ausdehnte und mitunter zum Abbruch der genetischen Kontakte zwischen den „Auswanderer-Gruppen" geführt hat. Sexuelle Isolationsmechanismen verhindern in der Regel die Vermischung der Arten. Das trifft in hohem Maße auch für unsere Schmuckschildkröten zu, wie wir aus deren Fortpflanzungsbiologie wissen.

Für die in Nordamerika lebenden Arten haben die Eiszeiten großen Anteil an der geographischen Isolation, die zur Untergliederung führte. Nach Bleakney (1958) haben vordringende Gletscher die einst zusammenhängend siedelnden Populationen von *Chrysemys picta* getrennt.

Die isolierten Populationen veränderten sich unterschiedlich stark. Die so entstandenen Unterarten haben sich in der postglazialen Warmzeit erneut ausgebreitet und sind dabei wieder aufeinandergestoßen. In den Überschneidungsgebieten zeigen sich oft ungleiche Proportionen zwischen äußerlich „reinrassigen" und Übergangsstadien verkörpernden Tieren. So stellte Ernst (1967) in Alabama die Vermischung der aus dem Osten stammenden *Ch. p. picta* mit der aus dem Westen stammenden *Ch. p. dor-*

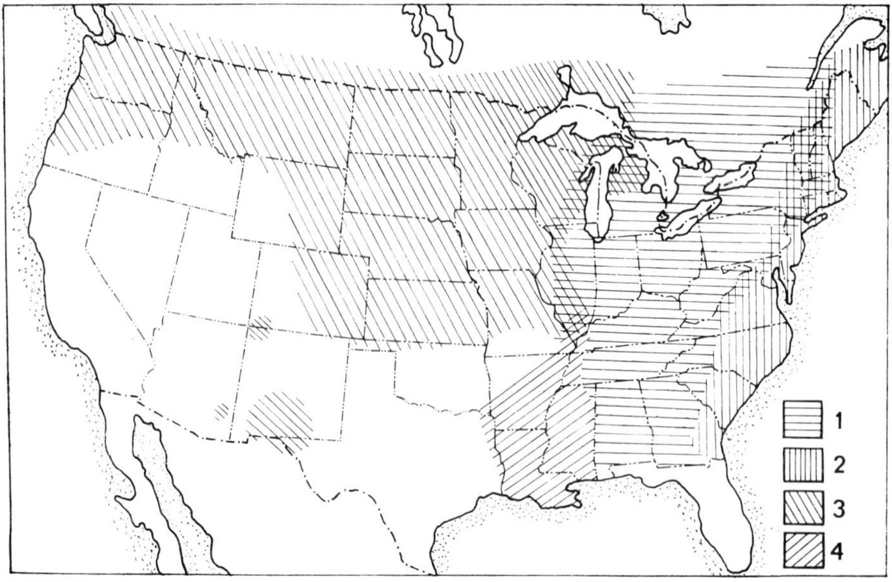


Abb. 5. Verbreitung von *Chrysemys picta*. 1 *marginata*, 2 *picta*, 3 *belli*, 4 *dorsalis*

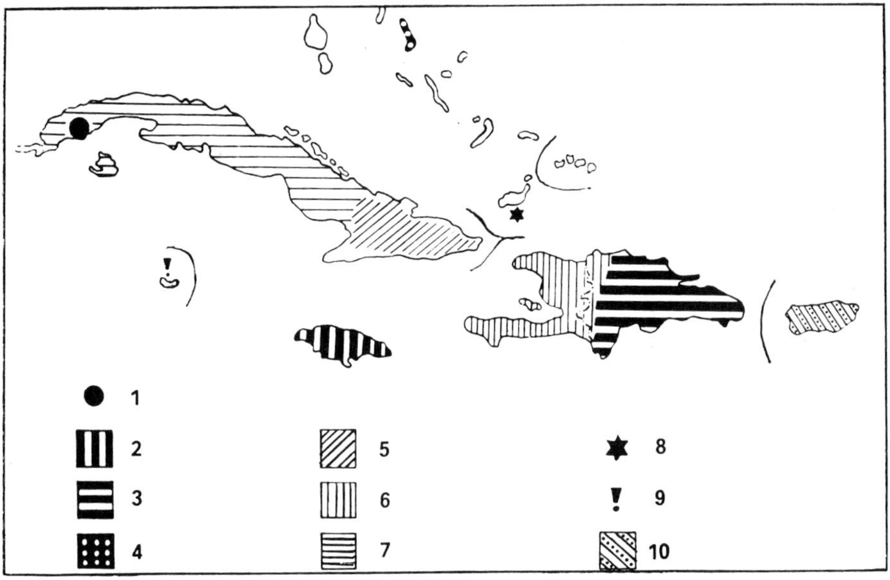


Abb. 6. Verbreitung von *Chrysemys terrapen.* 1 *angusta,* 2 *terrapen,* 3 *vicina,* 4 *felis,* 5 *plana,* 6 *decorata,* 7 *decussata.* 8 *malonei,* 9 *granti,* 10 *stejnegeri*

*salis* fest. Von 53 Tieren einer Population waren 15 % *„dorsalis"*, 43,4 % *„picta"* und 41,6 % „Mischformen". Das höhere Durchsetzungsvermögen von *picta* gegenüber *dorsalis* spricht dafür, daß die untersuchte Population durch Aufeinandertreffen einst getrennter Schildkröten-Unterarten geprägt ist. In fließenden Übergangszonen zweier Unterarten, die sich ohne sehr markante geographische Barrieren in einem großen Areal entwickelt haben, wären ausgewogenere Proportionen zu erwarten.

Es ist auch naheliegend, daß der Zeitfaktor im historischen Prozeß der Unterarten-Trennung resp. Wiedervermischung eine große Rolle spielt. Die Zeit ermöglicht die Stabilisierung genetischer Trends, die sich z. T. mutativ in den abgespaltenen Populationen ergeben haben.

Die Antillen-Schmuckschildkröten liefern ein Musterbeispiel für die Insel-Isolierung einstmals zusammengehöriger Tierbevölkerungen. Dabei tritt auch bei *Pseudemys terrapen* das allgemein bekannte Phänomen auf, daß kleine Inselisolate sich relativ schneller morphologisch manifestieren als individuenreichere größere isolierte Populationen. Solche „Kleininsel-Rassen" sind z. B. *granti, felis* und *malonei.* Daß aber stark gegliederte Eilande, z. B. durch trennende Gebirgszüge, auch wieder Populationen isolieren, die sich zu geographischen Unterarten festigen können, zeigen auf Kuba *decussata, angusta* und *plana,* auf Hispaniola *decorata* und *vicina.*

Eine beeindruckende Kette geographischer Unterarten zeigt schließlich die Buchstaben-Schmuckschildkröte, *Chrysemys scripta,* die den amerikanischen Kontinent in den wesentlichsten Teilen seiner Nord-Süd-Ausdehnung besiedelt hat. Sie ist die einzige Schmuckschildkröte, die sich vom wahrscheinlichen Entstehungszentrum im Südosten Nordamerikas aus sowohl in nördlicher als auch in südlicher Richtung gleichermaßen expansiv verhielt. Dabei drang sie als einzige „moderne" Süßwasserschildkröte weit nach Südamerika vor. Die neotropische Fauna – also Südamerika – beherbergt bis auf wenige Ausnahmen vorwiegend Halswender-Wasserschildkröten (Pleurodira), eine ursprüngliche archaische Unterordnung der Schildkröten. Das riesige Areal von *Ch. scripta* hängt allerdings nicht mehr zusammen. Die Merkmalsabwandlung erfolgt dabei aber sehr kontinuierlich, wenngleich eng benachbarte Unterarten natürlich oft deutlichere Beziehungen zueinander erkennen lassen als weiter entfernte.

Die nördlichste Gruppe der *Chrysemys scripta*-Unterarten ist die *scripta*-Gruppe im Osten der USA mit *scripta, troosti* und *elegans*. Im mittleren Süden der USA und N-Mexiko schließt sich die *gaigeae*-Gruppe an (*gaigeae, hiltoni, taylori* und *nebulosa*).

Im Einzugsgebiet des Rio Nazas in den mexikanischen Unionsstaaten Durango und Coahuila lebt eine weitere endemische Unterart von *Chrysemys scripta,* die Legler 1971 in seiner Studie über die Lebensweise der Buchstaben-Schmuckschildkröte in Panama bekannt machte (Moll u. Legler 1971). Diese Unterart wurde allerdings bislang nur in Leglers unveröffentlichtem Manuskript benannt und ist somit als nicht verfügbarer Name zu betrachten (Internationale Nomenklaturregeln § 13). In ihrem hervorragenden Werk über die Schildkröten Mexikos handeln Smith u. Smith (1979) diese zweifelsfreie Unterart unter dem Namen *Pseudemys scripta hartwegi* Legler, nomen nudum, mit ab und widmen dieser Rio-Nazas-Schmuckschildkröte die ihr gebührende Aufmerksamkeit. Diese Unterart ist ebenfalls zur *gaigeae*-Gruppe innerhalb von *Chrysemys scripta* zu rechnen. Es ist zu hoffen, daß der derzeit noch nicht den Regeln entsprechende Name durch eine Publikation und einen Beschluß der Int. Nomenklaturkommission legalisiert wird.

In Mexiko folgt die *ornata*-Gruppe (*ornata, yaquia, cataspila, grayi* und *venusta*), während der südlichste Vertreter dieser Gruppe, *callirostris,* im Norden Südamerikas lebt.

Das Areal der letzten Gruppe (*dorbigni*) existiert disjunkt vom mehr oder minder deutlich zusammenhängenden Areal aller vorher aufgeführten Gruppierungen innerhalb von *Chrysemys scripta.* Die *dorbigni*-Gruppe ist in NO-Argentinien, Uruguay und S-Brasilien mit den Subspezies *dorbigni* und *brasiliensis* verbreitet.

Aus dieser Arealdifferenzierung leiten einige Spezialisten ihre Auffassung von der Auftrennung der *Chrysemys scripta* in verschiedene Arten ab. So fassen z. B. Wermuth u. Mertens (1977) die Unterarten-Gruppierungen nicht in allen Details wie hier aufgeführt zusammen. Nach diesen Autoren ist nur die *scripta*-Gruppe sowie *gaigeae* und *taylori* als *Chrysemys scripta* zu betrachten, während die *ornata*-Gruppe als selbständige Art betrachtet wird. Die Unterarten *cataspila* und *venusta* werden von ihnen nicht für valid erachtet und mit *ornata* synonymisiert. Werden jedoch die zahlreichen Argumente, die Smith u. Smith (1979) (nach Carr 1938, Williams (1956) u. v. a. zusammengetragen haben, berücksichtigt, so kommt es bezüglich der nord- und mittelamerikanischen *Chrysemys scripta*-Gruppierungen zur oben dargelegten Gliederung. Eventuell sind die südlich Mexikos in Mittelamerika lebenden Populationen von „*ornata*" auch Angehörige weiterer, noch unbeschriebener Unterarten dieser Gruppe. Zur Einbeziehung auch der *dorbigni*-Gruppe zu *Chrysemys scripta* führen Moll u. Legler (1971) einleuchtende Diskussionen, denen viele Autoren, so auch Pritchard (1979) folgen.

Eine schwer zu klärende Position hat noch die Spitzkopf-Schmuckschildkröte (*Chrysemys grayi*) inne. Sie besiedelt ein kleines Areal an der pazifischen Küste des Golfs von Tehuantepec (S-Mexiko), Guatemala und El Salvador. Smith u. Smith (1979) stellen sie als Subspezies zu *Chrysemys scripta,* ebenso Pritchard (1979), während Wermuth u. Mertens (1977) ihr Artstatus zubilligen. Gewisse Beziehungen zwischen *grayi* und der *ornata*-Gruppe (am ehesten zu *venusta*) stellen Smith u. Smith (1979) fest. Hier wird dieser Argumentation gefolgt (s. S. 7).

Bei der Betrachtung der Verbreitungskarte von *Chrysemys scripta* werden die geographischen Barrieren, die die einzelnen Subspezies voneinander isolieren, genauso sichtbar wie mögliche Überschneidungsgebiete. Tatsächlich sind aus vielen Überschneidungsgebieten intergradierende Schmuckschildkröten in großer Zahl bekannt, die den gleitenden Vorgang der Merkmalswandlungen sichtbar machen. Das trifft z. B. für die Überschneidungszonen von *scripta* und *elegans* zu. Zum anderen kommt es aber auch zum sekundären Zusammentreffen historisch einst weit getrennter Unterarten, wie wir das bereits bei den *Chrysemys picta*-Unterarten kennengelernt hatten.

Dabei lassen sich ebenso wie dort interessante Durchsetzungserscheinungen genetisch stärkerer (dominanter) Merkmale beobachten. So ist die mexikanische *gaigeae*-Gruppe wahrscheinlich ursprünglich in einem zusammenhängenden Areal beheimatet gewesen. Durch eiszeitliche Einflüsse zersplitterte sie in die kleinen Areale von *gaigeae, hiltoni, nebulosa* und *taylori* (Fritz 1981). *Ch. s. gaigeae* und *taylori* sind dabei enger miteinander verwandt als mit den anderen Formen, *hiltoni* und *nebulosa.* Nacheiszeitlich drang die *scripta*-Gruppe (vertreten durch *elegans)* nach Mexiko vor und damit auch in das Gebiet der *gaigeae*-Gruppe ein. Insbesondere das Areal von *taylori* wurde dabei regelrecht umschlossen. Allerdings kam es nur selten zur Bastardisierung, so daß *taylori* erhalten blieb und nicht von den Eindringlingen aufgesogen wurde (Legler 1963).

Was ist die Ursache für dieses interessante Phänomen? An sich müßte nach dem biologischen Artkonzept die unbeschränkte Vermischung geographischer Unterarten zu deren Aufhebung führen, nachdem die trennenden glazialen Barrieren beseitigt waren.

Die Ursachen liegen in einem vermehrungsbiologischen Charakteristikum der beiden Gruppen begründet. Während die *scripta*-Gruppe das charakteristische Balzspiel (siehe S. 76) vor der Kopulation ausübt, worauf auch die extrem verlängerten Krallen der Vorderextremitäten bei den ♂ dieser Gruppe hinweisen, verpaaren sich die Angehörigen der *gaigeae*-Gruppe ohne dieses Balzspiel. Die ♂ sind in diesem Zusammenhang auch nicht mit so langen Krallen ausgerüstet. Dieser Sachverhalt führte dazu, daß es für die ♂ der sehr expansionsfreudigen *scripta*-Gruppe damit sehr schwer wurde, ♀ der *gaigeae*-Gruppe zur Kopula zu animieren. Die ♂ der *gaigeae*-Gruppe hingegen haben es etwas leichter, die ♀ der *scripta*-Gruppe ohne Balzspiel zu „vergewaltigen". Dennoch wirkte die ethologische Differenz im Paarungsverhalten in beiden Richtungen doch so erfolgreich, daß sie postglazial zu einer ethologischen Unterartenbarriere wurde, die die erloschene geographische Barriere zu ersetzen vermochte.

Im Ganzen läßt sich sagen, daß die Entstehungsgeschichte der *Chrysemys scripta*-Unterarten in einigen wichtigen Details noch nicht ausreichend erforscht ist. Die sichere Zuordnung bestimmter Exemplare ist häufig auch bei genauen Fundort-Kenntnissen ein schwer lösbares Problem, bei dessen Beantwortung die Meinungen der Spezialisten oft auseinandergehen. Wahrscheinlich existieren in Mittelamerika noch weitere, bislang unbeschriebene Unterarten von *Chrysemys scripta.*

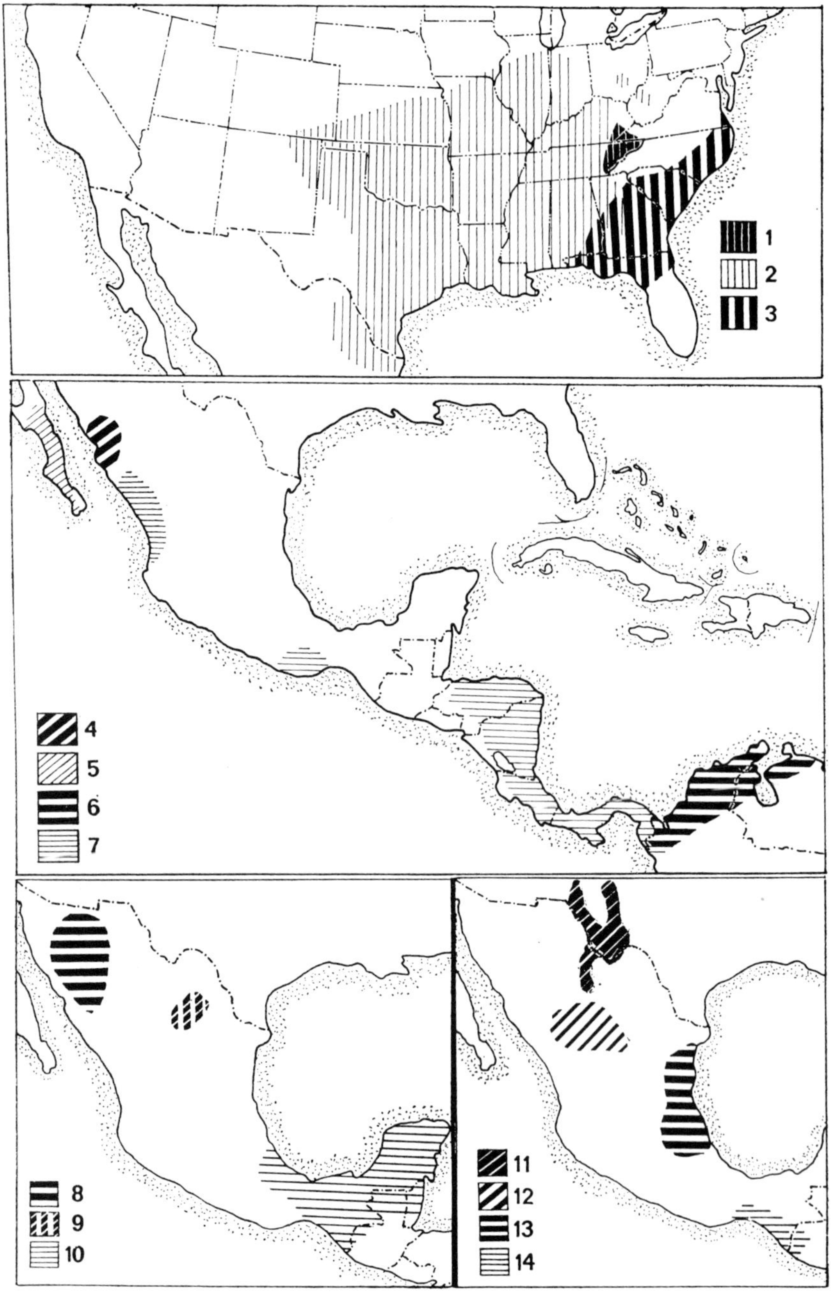
1
2
3
4
5
6
7
8
9
10
11
12
13
14

←

Abb. 7. Verbreitung von *Chrysemys scripta* (nördlicher Teil). Senkrecht schraffiert: 1, 2, 3 = *scripta*-Gruppe, waagerecht schraffiert: 6, 7, 8, 10, 13, 14 = *ornata*-Gruppe, Schrägschraffur: 4, 5, 9, 11, 12 = *gaigeae*-Gruppe. 1 *troosti,* 2 *elegans,* 3 *scripta,* 4 *hiltoni,* 5 *nebulosa,* 6 *callirostris,* 7 *ornata,* 8 *yaquia,* 9 *taylori,* 10 *venusta,* 11 *gaigeae,* 12 *„hartwegi“,* 13 *cataspila,* 14 *grayi*

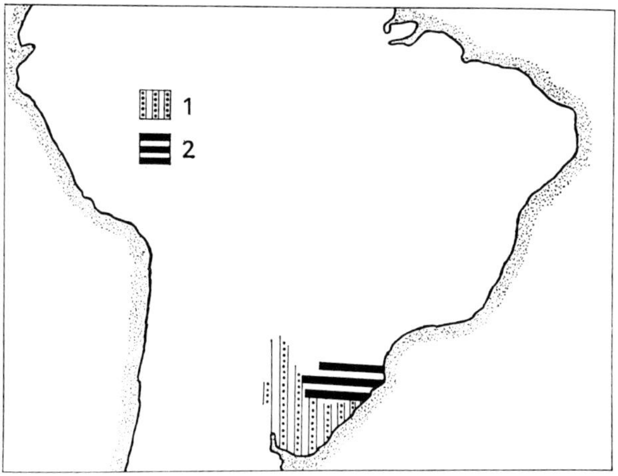


Abb. 8. Verbreitung von *Chrysemys scripta* (südlicher Teil) 1. *dorbigni,* 2. *brasiliensis*

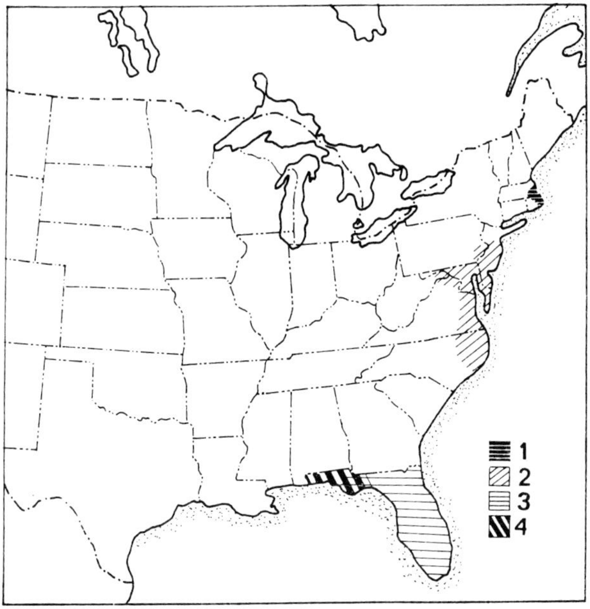


Abb. 9. Verbreitung von *Chrysemys rubriventris.* 1 *bangsi,* 2 *rubriventris,* 3 *nelsoni,* 4 *alabamensis*

Als verhältnismäßig „einfach“ stellt sich hingegen die Verbreitung der Rotbauch-Schmuckschildkröte (*Chrysemys rubriventris*) dar. Vier Unterarten folgen entlang der nordamerikanischen Ostküste von N nach S: *bangsi, rubriventris, alabamensis* und

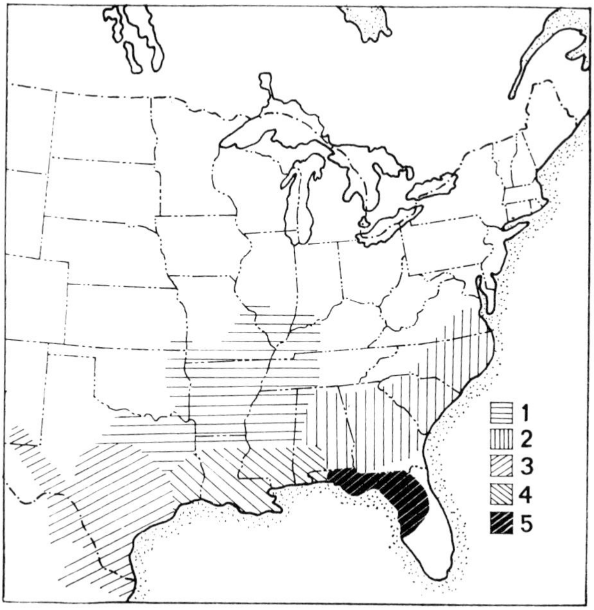


Abb. 10. Verbreitung von *Chrysemys concinna.* 1 *hieroglyphica,* 2 *concinna,* 3 *texana,* 4 *mobiliensis,* 5 *suwanniensis*

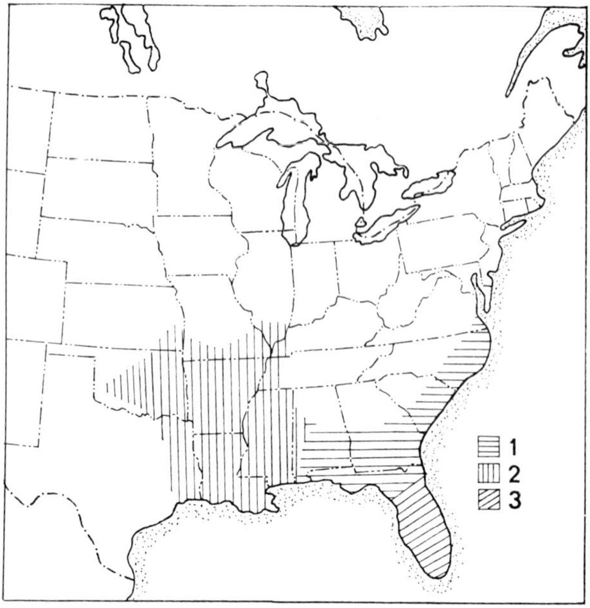


Abb. 11. Verbreitung von *Chrysemys floridana.* 1 *floridana,* 2 *boyi,* 3 *peninsularis*

*nelsoni*. Die Areale der Unterarten sind z. T. durch Verbreitungslücken voneinander getrennt. So grenzen die Areale von *bangsi* und *rubriventris* zwar nicht unmittelbar aneinander, liegen aber in großer Nähe. Disjunkt davon liegen weit südlicher die Areale von *nelsoni* und *alabamensis*, welche sich in NW-Florida berühren. Verschiedene amerikanische Spezialisten trennen *nelsoni* als selbständige Art von *rubriventris* (Carr 1938), während Ernst u. Barbour (1972) neben *nelsoni* auch noch *alabamensis* Artstatus zuerkennen. Der Ansicht von Wermuth u. Mertens (1977), in allen vier Formen die geographischen Vertreter einundderselben Art zu sehen, wird in dieser Darstellung gefolgt.

Die Areale der letzten beiden Arten, der Hieroglyphen-Schmuckschildkröte (*Chrysemys concinna*) und der Florida-Schmuckschildkröte (*Chrysemys floridana*) überdecken sich im Südosten Nordamerikas großflächig. *Chrysemys concinna* wird nach Ernst u. Barbour (1972) u. a. in fünf Unterarten gegliedert, die von N nach S und O nach W folgen: *concinna, suwanniensis, hieroglyphica, mobilensis* und *texana*. Wermuth u. Mertens (1977) stellen noch *hiltoni* als südlichste Form zu *Chrysemys concinna*, während bereits Carr (1942), Smith u. Taylor (1976) sie zu *Chrysemys scripta* stellten. Für diese Zuordnung sprechen verschiedene Argumente. Weaver u. Rose (1967) plazierten diese Form überzeugend in die *gaigeae*-Gruppe von *Chrysemys scripta*. Auch hier wird diesen Argumenten gefolgt.

*Chrysemys floridana* wird von allen Spezialisten übereinstimmend in drei Subspezies gegliedert. Im östlichen Arealteil lebt *floridana*, im westlichen *hoyi*, während im Süden *peninsularis* auf Florida und den Florida Kays vorkommt.

## 2.4. Bastarde und abnorme Individuen

Wie aus der Darstellung der Verbreitung der Schmuckschildkröten hervorging, überschneiden sich die Areale vieler Arten weitflächig. Ebenso stellten wir für eine größere Anzahl von Unterarten solche Überschneidungsgebiete fest. Aufgrund der für die drei Untergattungen als Isolationsmechanismen wirkenden differenzierten Balzverhalten (S. 76) kommen Verpaarungen zwischen den Angehörigen der Untergattungen weit seltener als innerhalb derselben vor.

Innerhalb der Untergattung *Pseudemys* ist die zwischenartliche Bastardisierung am weitesten verbreitet. So sind vor allem zwischen verschiedenen Unterarten von *Chrysemys concinna* und *Ch. floridana* Kreuzungsprodukte sehr häufig beschrieben worden, während *Ch. rubriventris* seltener an Vermischungen mit den vorgenannten Arten beteiligt ist. Die sichere Identifizierung der Kreuzungsprodukte macht oft erhebliche Schwierigkeiten und gibt auch Anlaß zu taxonomischen Überlegungen (vgl. hierzu S. 18). In bestimmten Populationen treten derartige Kreuzungsprodukte überwiegend oder vielleicht auch ausschließlich auf, d. h., daß das Erscheinungsbild (der Phänotyp) dieser Schmuckschildkröten einheitlich ist. Ihre Erbanlagen (der Genotyp) hingegen gibt Auskunft über den unterschiedlichen Ursprung. Eventuell sind solche Populationen auch nur über bestimmte Zeiträume einheitlich. Derartige Mischlinge zwischen den Ausgangsformen werden meist als Intergrades bezeichnet. Einzelne, mehr oder weniger spontan im Freiland oder gezielt in Laborzuchten auftretende Kreuzungsprodukte zwischen Ausgangsformen, die in der Natur keine individuenreichen Intergrades-Populationen bilden, werden hingegen meist lieber als Bastarde bezeichnet.

Individuelle Färbungsanomalien sind bei Schmuckschildkröten ebenfalls nicht selten.

So bildet Z a p p a l o r t i (1976) einen juvenilen Albino von *Chrysemys scripta elegans* ab. Das Tier gelangte als Wildfang in den Besitz des Zoos von Philadelphia. Echte Albinos treten relativ selten auf, während Weißlinge (mit normal pigmentierten Augen) oder partielle Weißlinge häufiger sind.

Weit verbreitet ist hingegen die Neigung zum Melanismus. Sie tritt überwiegend bei älteren bzw. alten Individuen zutage. Besonders die Untergattungen *Trachemys* ist für das Auftreten von Melanos prädestiniert (*Chrysemys scripta, Chrysemys terrapen*). Eventuell ist Melanismus bei alten Männchen etwas häufiger als bei alten Weibchen. Deshalb wurde er von älteren Autoren auch häufig als ein sekundäres Geschlechtsmerkmal betrachtet. Das erwies sich aber bereits nach den Erfahrungen K l i n g e l h ö f f e r s (1931) nicht als stichhaltig.

Ein seltener Fall ist das Auftreten intersexueller Individuen. V i v i e n (1964) berichtet über das Auftreten dieses Phänomens bei *Chrysemys scripta elegans.*

Mißbildungen verschiedener Art, besonders des Kopfes (Mund- und Augendeformationen oder -reduktion) wurden von H a r l e s s u. M o r l o c k (1979) beschrieben. Abb. 24 zeigt einen siamesischen Zwilling von *Chrysemys scripta.* Derartige Chimären haben nur geringe Überlebenschancen. Häufiger hingegen existieren Schmuckschildkröten mit außergewöhnlichen Schilderanomalien, die besonders bei völlig ebenmäßiger paralleler Ausbildung die Identifizierung des Exemplars erschweren können.

## 2.5. Die systematische Stellung der Schmuckschildkröten und ihre Entwicklungsgeschichte

Innerhalb der rezenten Schildkrötenfauna, die etwa 220 Arten umfaßt, bilden die süßwasserbewohnenden Sumpfschildkröten, die Familie Emydidae, mit etwa 75 Arten die umfangreichste Gruppe. Es kann daher gesagt werden, daß die Sumpfschildkröten heut-

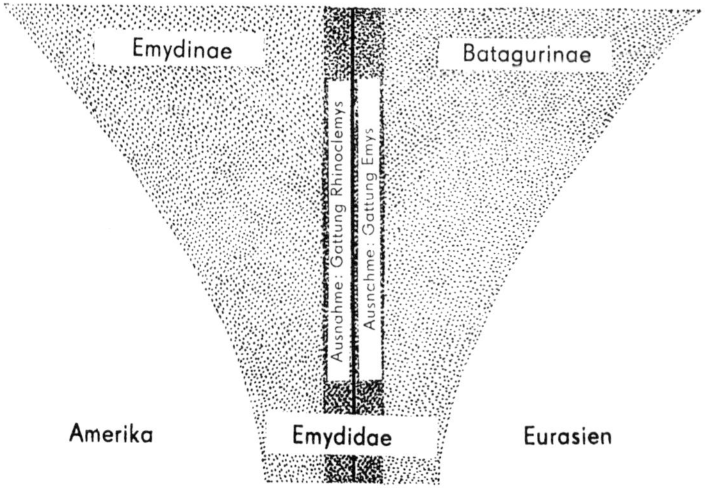


Abb. 12. Tiergeographische Trennung der Sumpfschildkröten (Emydidae) in zwei Unterfamilien mit getrennten Mannigfaltigkeitszentren. Orig. W. L e u c k

zutage die wichtigste Familie innerhalb der Ordnung Schildkröten darstellen, während in erdgeschichtlich zurückliegenden Epochen mitunter andere Gruppen vorherrschten. Im Tertiär waren die Landschildkröten weit stärker entwickelt als heute. Sie gehörten zu den charakteristischen Tieren im Braunkohlenwald. Sogar einige Riesenformen gab es unter ihnen. Im Erdmittelalter, mit einem deutlichen Höhepunkt in der Kreidezeit, waren die Meeresschildkröten (Überfamilie Chelonioidea) und die ebenfalls marinen Lederschildkröten (Familie Dermochelydidae) die artenreichsten Vertreter der Schildkröten. Von marinen Schildkröten sind in der heutigen Fauna nur noch eine handvoll letzter Vertreter übrig geblieben (M l y n a r s k i 1969, 1976 u. a.)

Die Sumpfschildkröten (Emydidae) sind eine relativ junge Schildkrötengruppe, die in näheren Verwandtschaftsbeziehungen mit den Landschildkröten (Testudinidae) die Überfamilie „Landschildkrötenartige" (Testudinoidea) bildet. Im Eozän und Oligozän, also zu Beginn der geologischen Neuzeit unserer Erde, lassen sich bei den Sumpfschildkröten bereits zwei große Entwicklungszentren feststellen. Das eine liegt im heutigen Eurasien, das zweite im heutigen Nordamerika. Die verschiedenen rezenten Sumpfschildkrötengattungen, die aus diesen beiden Ursprungszentren hervorgegangen sind, lassen sich nur anhand anatomischer Merkmale hinsichtlich ihres Ursprungs unterscheiden. In ihrer äußerlich sichtbaren Morphologie und in ihrer Lebensweise ähneln sie sich hingegen sehr stark.

Nach M c D o w e l l (1964) gebührt den zwei Gruppierungen der Rang von Unterfamilien, die die Fülle der rezenten Sumpfschildkrötengattungen aufteilt: die Unterfamilie Batagurinae McDowell, 1964 umfaßt die Sumpfschildkröten eurasischen Ursprungs. Sie sind gekennzeichnet durch ein charakteristisches Merkmal des Schädels und des Rückenpanzers (Carapax). Am Schädel ist in der Sicht von unten her eine breitflächige Verbindung zweier Knochen zu erkennen, das paarige Pterygoid (Flügelbein) aus dem Munddach mit dem Basioccipitale, dem hintersten, einen Gelenkkopf tragenden Knochen des Hirnschädels. Die Verbindung wird durch einen zipfeligen Auswuchs des Pterygoids, den „bataguralen Fortsatz", gewährleistet (Abb. 13). Der Carapax zeigt in seiner Schwanzregion ein zweites diagnostisch zuverlässiges Merkmal der Unterfamilie. Das Metaneurale, die schwanzwärts letzte, meist charakteristisch trapezförmige Knochenplatte des zentralen Panzerteiles, des Diskus, wird von den Furchen der Schwanzschilder (Postcentralia) geteilt (Abb. 13 oben).

Die Unterfamilie Emydinae Gray, 1825 hingegen umfaßt die Sumpfschildkröten nordamerikanischen Ursprungs. Wird ihr Oberschädel von unten betrachtet, so fehlen den Pterygoid-Teilen die seitlichen Fortsätze hin zum Basioccipitale. Auf der Schwanzregion des Carapax ist zu erkennen, daß die knöcherne Metaneuralplatte nicht von den Furchenabdrücken der Postcentralschilder berührt werden, sondern daß sich diese Abdrücke auf der Pygalplatte befinden (siehe Abb. 13).

In ihrer Verbreitung „teilen" sich die beiden Unterfamilien ziemlich exakt das Familienareal. Während die Batagurinae überwiegend auf die Alte Welt beschränkt sind und in Südostasien noch heute eine große Mannigfaltigkeit zeigen, sind die Emydinae die Sumpfschildkröten der Neuen Welt, die im südlichen Nordamerika und im Norden Mittelamerikas eine beachtliche Fülle von Gattungen und Arten ausgebildet haben.

Als Ausnahme von dieser Regel finden sich jedoch in Mittelamerika mit den Amerikanischen Erdschildkröten (*Rhinoclemmys,* 6 Arten) eine batagurine Gattung, während

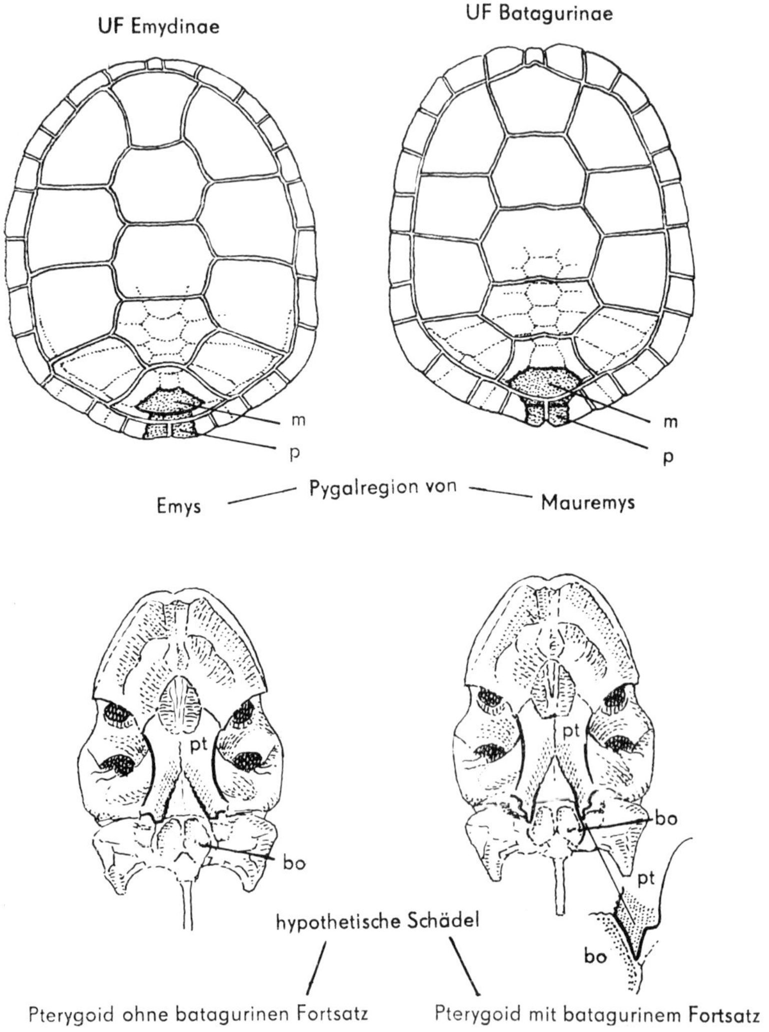


Abb. 13. Wichtigste anatomische Kennzeichen der beiden Unterfamilien Emydinae und Batagurinae. Kombiniert nach verschiedenen Autoren. m Metaneurale, p Pygale, pt Pterygoid, bo Basioccipitale

die in Eurasien weitverbreitete Europäische Sumpfschildkröte *(Emys orbicularis)* als Vertreter einer monotypischen Gattung eine emydine Gattung repräsentiert.

Aus Ablagerungen des Eozäns und Oligozäns Westeuropas und auch der Kasachischen SSR sind noch einige Schildkrötenreste bekannt, die von manchen Paläontologen als *Chrysemys-Arten* betrachtet werden. Wenn die z. T. sehr fragmentarischen Panzerreste tatsächlich richtig bestimmt sind und nicht von anderen (batagurinen)

Emydiden stammen, dann wäre einst eine zweite Gattung der Unterfamilie Emydinae in Eurasien verbreitet gewesen. Die Ursachen ihres Aussterbens in der Alten Welt sind allerdings kaum erklärbar, vor allem wenn bedacht wird, welche großartige Entwicklung die Emydinen in Amerika gleichzeitig und ausschließlich durchgemacht haben. Zumindest dort haben sie sich als eine vitale expansionsfreudige Gruppe gezeigt, deren Evolution bis heute noch nicht abgeschlossen zu sein scheint. So sind auch die Sumpfschildkröten zu tiergeographischen Zeugen der gewaltigen geologischen Prozesse geworden, die mit dem Auseinanderdriften des einstmals verbundenen gewaltigen Urkontinents wesentliche Ursache für die Ausbildung der großen Faunenregionen darstellen.

Aus Amerika sind eine größere Anzahl fossiler Schildkröten bekannt geworden, die zweifellos zu den Vorfahren der heutigen Schmuckschildkröten zählen. 1908 beschrieb H a y aus dem Pliozän Nebraskas eine *Chrysemys timida,* die nahe mit der rezenten *Chrysemys picta* verwandt ist. Diese fossile Art wurde in verschiedenen Grabungen Nordamerikas gefunden. In pleistozänen Ablagerungen fanden sich hingegen bereits typische *Chrysemys picta.* Ebenfalls aus dem Pliozän, in Fundstätten auf Florida, wurde ein mutmaßlicher Vorfahre von *Chrysemys rubriventris* gefunden, den H a y ebenfalls 1908 als *Chrysemys extincta* beschrieb. Aus dem oberen Pleistozän von Idaho beschrieb G i l m o r e 1933 eine *Pseudemys idahoensis,* die zwischen den Schmuckschildkröten und Höckerschildkröten (*Graptemys*) steht. Sie kann als Fossilbeweis für die später zu erörternde nahe Verwandtschaft beider Gattungen herangezogen werden.

Die Schwierigkeit, fossile Überreste richtig zu deuten, ergibt sich meist aus dem fragmentarischen Charakter der Funde. Nur selten wurden komplette Panzer oder gar vollständige Skelette geborgen. So ist unter den zahlreichen Beschreibungen fossiler Schmuckschildkröten immer wieder mit möglicher Identität verschiedener fossiler Arten zu rechnen. Nach Ansicht von W e a v e r u. R o s e (1967) sollte die ebenfalls aus dem Pliozän Floridas stammende *Chrysemys williamsi* der Vorfahre von *Chrysemys concinna* sein, die von diesen Autoren als „progressive“ Gruppe der „konservativen“ Gruppe um *Ch. scripta, Ch. nelsoni* und *Ch. picta* gegenübergestellt wird, die gemeinsam auf *Ch. carri* zurückzuführen sei. Im Gegensatz dazu konnte J a c k s o n (1976) nachweisen, daß die aus dem Pliozän Floridas stammende *Chrysemys carri* Rose u. Weaver mit *Pseudemys caelata* Hay, die aus pliozänen Ablagerungen von Levy County in Nordflorida beschrieben wurde, weitgehend übereinstimmt. *Chrysemys caelata* (Hay) kann vielmehr als der direkte Vorfahre der rezenten *Chrysemys rubriventris nelsoni* betrachtet werden, die somit nahezu unverändert bereits seit dem Pleistozän Floridas gefunden wird. Zweifellos ist in der Abstammungsgeschichte der Schmuckschildkröten das letzte Wort noch nicht gesprochen, wie die aufgezeigten Meinungsverschiedenheiten der Spezialisten deutlich machen.

Innerhalb der nearktischen, also „nordamerikanischen“ Reptilienfauna gibt es heute eine Rnihe von Sumpfschildkrötengruppen, die trotz inzwischen ausgebildeter morphologischer und anatomischer Besonderheiten sowie damit verbundener Spezialisierungen ihrer Lebensweise in vielen Punkten noch ihre engen Verwandtschaftsziehungen innerhalb der Unterfamilie Emydinae verraten. Neben den Schmuckschildkröten *(Chrysemys)* als artenreichster Gattung der Unterfamilie sind vor allem die Höckerschildkröten (*Graptemys*, mit 9 Arten) und die Langhalsschmuckschildkröten (*Deirochelys,* monotypisch) als nächste Verwandte der Schmuckschildkröten zu nennen. Beide Gruppen weisen eine ganze Zahl von Gemeinsamkeiten im Körperbau und vor allem auch in der Zeichnung und Färbung mit den Schmuckschildkröten auf. Auch der auffällige Größenunterschied der Geschlechter ist bei diesen beiden Gattungen ausgeprägt. Die Differenz zugunsten der ♀ ist bei *Graptemys* sogar noch größer als bei *Chrysemys.* Ebenso stimmt die Grundform des Körpers zwischen beiden Gattungen weit überein. Der bei den Schmuckschildkröten nur in der Jugend regelmäßig auftretende schwache Rückenkiel ist bei allen *Graptemys-Arten* hingegen in allen Lebensaltern gut entwickelt.

Es kann eine deutlich gestufte Entwicklungsreihe von Arten mit ± glattem, wenig erhabenem Rückenfirst des Carapax bis zu Arten mit sehr hohen, auf den einzelnen Wirbelschildern (Centralia) (besonders dem 1. 2. 3. und 4.) steil aufragenden Einzelhöckern verfolgt werden (*Graptemys geographica – G. pseudogeographica – G. kohnii – G. pulchra – G. oculifera*). In der Streifen- und Maskenzeichnung des Kopfes und Halses zeigen sich ebenso wie in der Entwicklung des Zeichnungsmusters des Rückenpanzers Parallelen zu *Chrysemys.* Die Höckerschildkröten sind zweifellos eine den Schmuckschildkröten sehr nahe verwandte Gruppe.

Die Langhalsschildkröte *(Deirochelys reticularia)* weist im Zeichnungs- und Färbungsschema des Kopfes und Halses ebenfalls auffällige Parallelen zu den Schmuckschildkröten auf. Ihre Panzerform hingegen weicht stärker von *Chrysemys* und *Graptemys* ab: die länglichen, relativ schmalen und hohen Panzer sind zugleich massiver. Ihre Panzergestalt erinnert bereits stärker an die Amerikanische Sumpfschildkröte (*Emydoidea blandingi),* mit der es auch einige Übereinstimmungen im Schädelbau gibt.

Bemerkenswerter Unterschied ist allerdings die knorpelige Verbindung der Panzerteile bei *Emydoidea,* wogegen *Deirochelys* einen völlig starren Panzer hat. Von *Emydoidea* wiederum führen direkte verwandtschaftliche Beziehungen zu den Amerikanischen Dosenschildkröten (*Terrapene*), die eine weitere typische endemische Sumpfschildkrötengattung der Nearktis (also Nordamerikas) darstellen.

Die Dosenschildkröten (*Terrapene,* mit 4 Arten) haben wie die Amerikanische Sumpfschildkröte *(Emydoidea blandingi)* keinen starren Panzer, sondern eine knorpelige Verbindung des Rücken- und Bauchpanzers. Der Bauchpanzer (das Plastron) ist außerdem noch in zwei gut zueinander bewegliche, ebenfalls nur knorpelig verbundene Plastrallappen gegliedert. Dadurch wird ein perfekter Verschluß des Panzers bei zurückgezogenem Kopf und Gliedmaßen möglich (amerikanisch „Box-turtles"!). Bei den Dosenschildkröten ist außerdem eine zunehmende Bevorzugung des Landlebens gegenüber dem Wasseraufenthalt zu erkennen. Einige Arten und Populationen der Gattung *Terrapene* leben bereits nahezu als echte „Landschildkröten". Dieser Begriff ist hier als ökologische Definition und nicht als systematische Zuordnung zu der Familie Testudinidae zu verstehen!

In diesem Zusammenhang muß ich noch einmal auf die Europäische Sumpfschildkröte *(Emys orbicularis)* zurückkommen. Sie wurde lange Zeit mit der Amerikanischen Sumpfschildkröte (*Emydoidea blandingi*) in einer Gattung zusammengefaßt, ehe der bedeutende Schildkrötenforscher G r a y 1870 die generische Eigenständigkeit der amerikanischen Art postulierte. Bis zur Durchsetzung dieser Anschauung bei den allermeisten Schildkröten-Spezialisten vergingen aber nahezu noch fast 100 Jahre!

*Emys orbicularis* ist innerhalb der Unterfamilie Emydinae zweifellos am engsten mit *Emydoidea* und *Terrapene* verwandt, wobei die anatomischen Übereinstimmungen zwischen den beiden amerikanischen Gattungen jedoch etwas größer zu sein scheinen als die beider mit *Emys*. Es kann gesagt werden, daß *Emys* infolge dieser Beziehungen in der rezenten Schildkrötenfauna der Alten Welt recht isoliert steht und gleichzeitig auch die einzige näher mit den Schmuckschildkröten verwandte Gattung außerhalb Amerikas darstellt.

In den jüngeren amerikanischen Arbeiten über die Amerikanischen Sumpfschildkröten (Emydinae) findet sich häufig ein Gliederungskonzept der Gattungen dieser Unterfamilie in drei Gattungsgruppen (Subtribi), welches auch Smith u. Smith (1979) in ihrem hervorragenden Werk anwenden. Dort wird unterschieden in

den Subtribus Nectemydina mit den Gattungen *Chrysemys* und *Pseudemys* (getrennt aufgefaßt!) sowie *Graptemys* und *Malaclemys*,

den Subtribus Deirochelyina mit den Gattungen *Deirochelys* und *Emydoidea*,

und den Subtribus Emyda mit den Gattungen *Clemmys*, *Terrapene* und *Emys*.

Wie bereits ersichtlich, folge ich hier dieser Gliederung nur hinsichtlich der als Subtribus Nectemydina ausgedrückten Verwandtschaftsbeziehungen weitgehend, während die scheinbar kompliziertere Verwandtschaft der restlichen Gattungen der *Emydinae* in dem Versuch eines hypothetischen Stammbaums (Abb. 14) etwas anders dar-

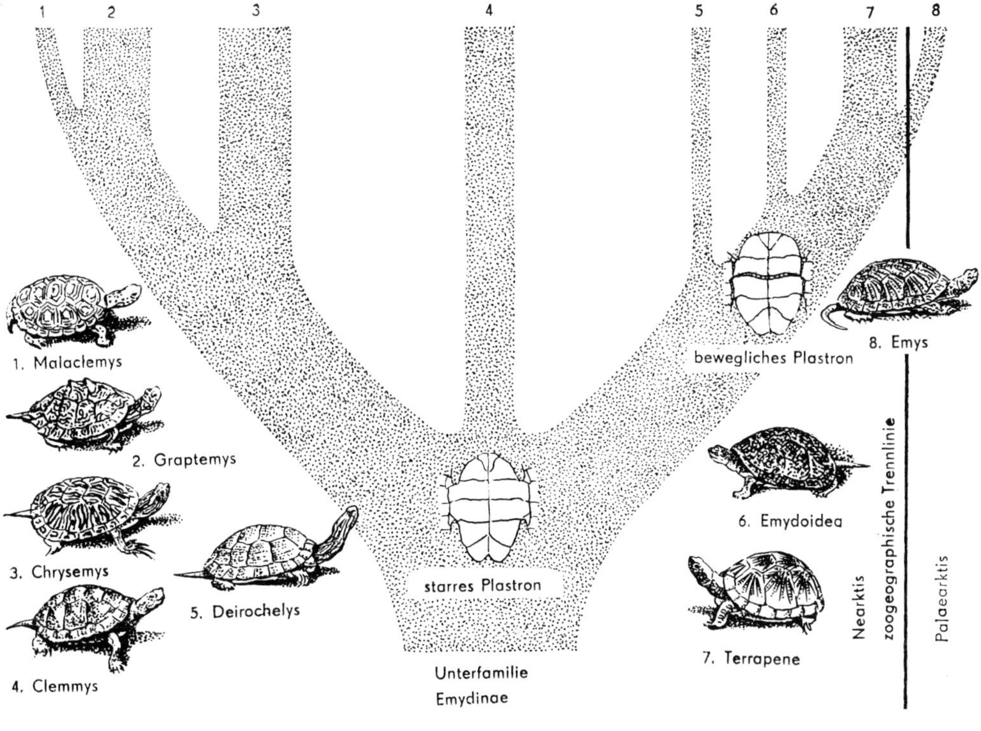


Abb. 14. Hypothetischer Stammbaum der amerikanischen Sumpfschildkröten (Unterfamilie Emydinae), die Breite der Zweige soll die Artenvielfalt der Gattungen andeuten, die Abstände die verwandtschaftlichen Beziehungen. Orig. W. Leuck

gestellt wird. Der starren oder beweglichen Panzerkonstruktion wurde dabei eine größere Bedeutung beigemessen als im obigen Konzept.

Soll die Position der Schmuckschildkröten *(Chrysemys)* in der nearktischen Schildkrötenfauna umrissen werden, so ist noch ihre Beziehung zu den brack- bis seewasserbewohnenden Diamantschildkröten *(Malaclemys terrapin)* zu beschreiben. Diese hochgradig spezialisierten Emydinae zeigen anatomische Beziehungen zu den Schmuckschildkröten als auch zu den Höckerschildkröten *(Graptemys)*, deren Ableitung von unseren Schmuckschildkröten eingangs dieser Betrachtungen erörtert wurden. Wenn wir auch noch nicht in der Lage sind, den „Stammbaum" der amerikanischen Sumpfschildkröten (Unterfamilie Emydinae) perfekt und frei von überbrückenden wissenschaftlichen Spekulationen zu entwerfen, so sind doch die vielfältigen Beziehungen innerhalb dieser Gruppe bereits klarer, als das bei ihren eurasischen Verwandten (UF Batagurinae) der Fall ist.

Die Tatsache, daß die Abgrenzung vieler Schmuckschildkröten-Formen als Arten oder nur als geographische Unterarten schwierig ist, was sich in unterschiedlichen taxonomischen Stati ausdrückt, die ihnen von den einzelnen Spezialisten zuerkannt werden, weist darauf hin, daß diese Gruppe noch in der Entwicklung begriffen sein muß. Auch die zahlreichen Belege eindeutiger Bastarde zwischen verschiedenen Schmuckschildkröten, sowohl von geographischen Unterarten, die sich in breiten Überschneidungszonen vermischen, als auch von Formen, denen selbständiger Artstatus zuerkannt werden muß, belegen diese Annahme. Das geringe geologische Alter der Schmuckschildkröten spricht ebenfalls für eine solche Einschätzung. Innerhalb einer im Ganzen so außerordentlich archaischen und konservativen Reptiliengruppe, wie es die Schildkröten in vieler Hinsicht sind, ist das Auftreten eines noch in der Evolution befindlichen Zweiges durchaus bemerkenswert. Es kann daher mit gutem Recht gesagt werden, daß die Schildkröten seit ihrem ersten Auftreten in der Trias (älteste unterste Formation des Erdmittelalters) über mindestens 150 Millionen Jahre hinweg ihre Wandlungsfähigkeit nicht eingebüßt haben. Damit unterscheiden sie sich deutlich von den beiden anderen sehr alten und konservativen Zweigen der Reptilien, den Krokodilen und den Brückenechsen. Als Beispiel für diesen Tatbestand kommt also den Schmuckschildkröten aus evolutionsbiologischer Sicht eine besondere Bedeutung zu.

## 3. Körperbau und Funktion

### 3.1. Morphologische Kennzeichen

Schmuckschildkröten sind typische Sumpfschildkröten. Ihr Panzer besteht aus einem ovalen, relativ breiten Rückenpanzer (dem Carapax) und einem schmaleren, länglichen Bauchpanzer (dem Plastron). Beide Panzerteile sind an den Flanken durch eine solide breite Knochenbrücke starr miteinander verbunden. Der Panzer ist relativ flach und ebenmäßig geformt. Während bei Jungtieren in der Regel ein deutlicher Rückenfirst oder ein leicht höckriger zentraler Kiel auf dem Carapax zu erkennen ist, haben adulte Schmuckschildkröten in der Regel glatte ungekielte Rückenpanzer. Einige Unterarten von *Ch. terrapen* und *Ch. scripta* neigen jedoch zum Beibehalten des Rückenfirstes oder zumindest deutlicher Reste desselben.

Die Beschilderung des Panzers entspricht dem Normalschema eines Schildkröten-

den Weibchen. Die relativ dünnen, spitz auslaufenden, geraden Krallen der Schmuckschildkröten-♂ können bei kapitalen alten Exemplaren so grotesk wirken, daß der Eindruck einer abnormen individuellen Mißbildung oder extremen Längenwuchses mangels natürlicher Abnutzung entsteht. In Wirklichkeit haben die extrem langen Krallen der ♂ eine wichtige Funktion beim gattungsspezifischen Balzspiel der Schmuckschildkröten (vgl. dazu S. 76).

Geschlechtsspezifische Färbungsunterschiede kommen bei Schmuckschildkröten nur in sehr subtiler Ausprägung vor. Anstelle der für zahlreiche Reptilien charakteristischen Prachtfärbung der ♂ und der Schlichtfärbung der ♀ ist eine nahezu identische Färbung und Zeichnung beider Geschlechter zu finden. Häufig tragen die größeren ♀ sogar eine für unser ästhetisches Empfinden „schönere" Ausprägung der artcharakteristischen Färbung und Zeichnung. Die bei manchen *Chrysemys*-Arten im Alter auftretende Neigung zur Verdüsterung der Zeichnung und Färbung bis zur Schwarzfärbung (Melanismus) hingegen kann kaum als geschlechtsspezifische Färbungstendenz gewertet werden, wenngleich er bei ♂ etwas häufiger aufzutreten scheint als bei ♀ (vgl. auch S. 30).

Auf einen weiteren sexuellen Dimorphismus, der besonders bei völlig erwachsenen Schmuckschildkröten zu beobachten ist, machen M o l l u. L e g l e r (1971) am Beispiel der *Chrysemys scripta* in Panama aufmerksam. Die ♂ haben einen wesentlich schmaleren Kopf mit einer verlängerten, spitz zulaufenden Nasenregion, etwa wie auf Abb. 1, o (Seite 17) für *Chrysemys scripta grayi* gezeichnet wurde. Die ♀ hingegen haben kürzere, wesentlich dickere Köpfe mit einer kurzen rundlichen Nasenpartie. Diese Ausprägung morphologischer Geschlechtsunterschiede scheint zumindest für einige Unterarten der *ornata*-Gruppe von *Chrysemys scripta* zuzutreffen, wenn nicht auch für andere Schmuckschildkröten. Sie kann auch als ein weiteres Argument herangezogen werden, die Spitzkopf-Schmuckschildkröte *(Chrysemys scripta grayi)* mit in die *ornata*-Gruppe von *Chrysemys scripta* als Unterart einzuordnen, wie das von verschiedenen amerikanischen Herpetologen bereits erfolgte (S m i t h u. S m i t h 1979, M o l l u. L e g l e r 1971). Wahrscheinlich beruhen unsere bescheidenen Kenntnisse von dieser seltenen endemischen Schmuckschildkröte gerade auf adulten ♂ mit der extremen Verlängerung der Nasenregion!

Im Verlauf des Lebens machen die Schmuckschildkröten wie alle Schildkröten einen beträchtlichen Form- und Proportionswechsel durch. Er zeigt sich am deutlichsten in der Gestaltveränderung des Panzers. F r i t z u. B i e n e r t (1981) charakterisieren drei deutlich unterscheidbare Ätilitätsphasen, die ich modifiziert und ergänzend so kennzeichne: 1. Phase, die Schlüpflings- oder neonatus-Phase. Hier ist der Panzer noch sehr elastisch, sein Umriß stellt ein nur wenig vom Kreis entferntes Oval dar. Seine Oberfläche ist glatt, nur ein Firstkiel kann auftreten. Der Hinterrand des Rückenpanzers ist glatt. Sekundäre Geschlechtsmerkmale sind noch nicht ausgebildet. Die Zeichnung und Färbung sind sehr charakteristisch in einem Jugendkleid (Primärpigmentation) ausgeprägt, das in der Regel kontrastreicher und farbintensiver als das später auftretende Erwachsenenkleid (Sekundärpigmentation) ist.

2. Phase, die jugendliche oder juvenile Phase. Der Panzer wird deutlich starrer. Sein Umriß ist bereits deutlich länglich-oval als Ergebnis eines Streckungswachstums. Der Hinterrand des Rückenpanzers ist mehr oder minder deutlich gesägt. Der Carapax trägt entlang der Wirbelsäule einen ± deutlichen First, der ganz leicht höckrig sein kann. Sekundäre Geschlechtsmerkmale sind bereits gut zu erkennen. Die Tiere erreichen all-

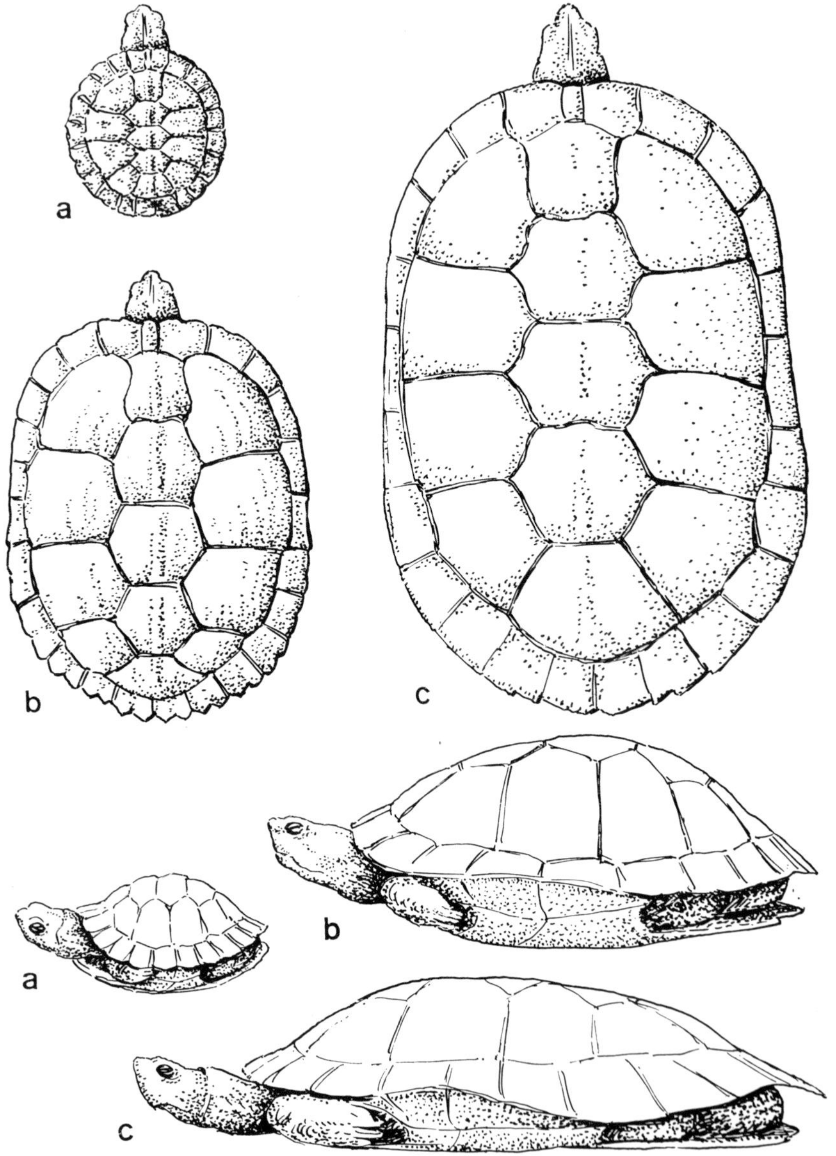


Abb. 16. Gestaltwandel in den verschiedenen **Altersphasen** der Schmuckschildkröten. Orig. W. L e u c k. a Schlüpflings- oder neonatus-Phase, b **jugendliche** oder **juvenile** Phase, c **Alters-** oder adulte Phase

mählich die Geschlechtsreife (die ♂ etwa 2 bis 5 Jahre früher als die ♀). Die Zeichnung und Färbung wandelt sich zum Erwachsenenkleid (Sekundärpigmentation). Das Erwachsenenkleid ist häufig durch Verschmelzung diffiziler Zeichnungselemente zu einfacheren Strukturen und Verblassen der Farbkontraste gekennzeichnet. Besonders stark sind die Zeichnungsreduktionen auf dem Plastron zu verfolgen.

3. Phase, die adulte oder Alters-Phase. Der sehr feste starre Panzer hat die gattungstypische Gestalt angenommen: länglich-oval mit ausladender Verbreiterung im Bereich der hinteren Randschilder (Marginalia 6–11). Der Kiel des Carapax verschwindet meist vollkommen, bei manchen Individuen bleibt er aber im Bereich des 4. und 5. Wirbelschildes (Centrale) deutlich erhalten. Die sekundären Geschlechtsmerkmale werden durch den sexuellen Größenunterschied zugunsten der ♀ erweitert.

Das Erwachsenenkleid verblaßt mit zunehmendem Alter und wird häufig durch ein Alterskleid (Tertiärpigmentation) abgelöst. Das Alterskleid ist – wie erwähnt – häufig von der Neigung zur Verdüsterung bis zur Ausprägung totalen Melanismus bei beiden Geschlechtern gekennzeichnet. Bei *Chrysemys floridana, Ch. terrapen* u. a. tritt häufig Einfarbigkeit des Panzers in Braun- oder Grautönen auf, die mitunter durch dunkle Randkonturen der Einzelschilder unterbrochen wird. *Chrysemys rubriventris* bringt erst im Alterskleid die artcharakteristische rote Plastronfärbung voll zur Ausprägung.

In der adulten Phase kommt es auch zu einer fortschreitenden Veränderung der Oberfläche der Carapax-Schilder. Während sie in der juvenilen Phase überwiegend glatt oder mit konzentrischen Anwachsstreifen um das Mittelfeld, die Areole, versehen sind, setzen sich jetzt über die Rippenschilder parallel zur Körperachse durchgehend verlaufende, leicht gewellte und unregelmäßige Längsfurchen durch. Dadurch erhält der Rückenpanzer seine charakteristische Altersskulpturierung (s. Abb. 18).

Über die Lebenserwartungen der Schmuckschildkröten liegen nur wenig Beobachtungen vor. Am aufschlußreichsten sind dafür die Studien von Gibbons (1968) an *Chrysemys picta*. Er schätzte das Maximalalter von freilebenden Tieren mit reichlich 40 Jahren.

## 3.4. Anatomische Kennzeichen des Skelettes

Der knöcherne Panzer der Schmuckschildkröten entspricht in seinem Aufbau dem familientypischen und im weiteren Sinn auch dem ordnungstypischen Bauplan. Die Anzahl der knöchernen Elemente ist größer als die der Hornschilder und auch hinsichtlich Gestalt und Größe mit jenen nicht identisch. Der knöcherne Rückenpanzer (Carapax) besteht aus einer zentralen Reihe von 8 Wirbelplatten (den Neuralia), denen kopfwärts die Nackenplatte (das Proneurale), schwanzwärts die Hinterplatten (die Metaneuralia) und die Schwanzplatte (das Pygale) angelagert sind. Seitlich symmetrisch schließen sich an die Wirbelplatten die Rippenplatten (die Pleuralia) an. Umfaßt wird der Rückenpanzer außen zwischen der Nacken- und Schwanzplatte von einer Kette aus jeweils 11 Randplatten (die Peripheralia). Die mittleren Randplatten bilden zugleich die Brücke zum Bauchpanzer, dem Plastron.

Das knöcherne Plastron besteht aus vier paarig angelegten großen Knochenplatten (von vorn nach hinten die Epiplastra, die Hyoplastra, die Hypoplastra und die Xiphiplastra). Zwischen den beiden vordersten Plattenpaaren liegt zentral ein einzelner Knochen, das Entoplastron. Während der knöcherne Aufbau des Bauchpanzers recht konstant bei allen Individuen zu beobachten ist, treten individuelle Abweichungen im

Knochenbau des Rückenpanzers (Asymmetrie der Pleuralia durch überzählige oder verschmolzene Knochen, ebenso überzählige oder verschmolzene Neuralia) nicht allzu selten auf. In dieser Hinsicht stellen die Schmuckschildkröten genauso wenig eine Abweichung von den allgemeinen Verhältnissen der Schildkröten dar. Auch hinsichtlich des Extremitäten-Skelettes und der beiden Gliedmaßen-Gürtel entsprechen die Schmuckschildkröten dem allgemeinen Bauplan der Schildkröten, insbesondere dem der Unterordnung Halsberger (Pleurodira).

Der Schildkrötenpanzer ist eine innerhalb der rezenten Wirbeltiere einmalige Struktur von außerordentlicher Zweckmäßigkeit. Das äußert sich nicht zuletzt im hohen geologischen Alter der Schildkröten und der konservativen Bewahrung dieses Bauplanes auch bei einem relativ „modernen“ und „jungen“ Entwicklungszweig dieser Gruppe, wie ihn die Schmuckschildkröten darstellen.

Interessant und immer noch nicht restlos geklärt ist die Frage, wie der Knochenpanzer der Schildkröten im Verlauf der Evolution entstanden ist. Außer der Auswertung der Fossilfunde und vergleichend-anatomischen Betrachtungen haben vor allem Untersuchungen des Knochengewebes und seiner embryonalen und postembryonalen Entwicklung bis zum Erreichen der Geschlechtsreife unsere heutigen Vorstellungen über diesen Entwicklungsprozeß herausgebildet.

Einen der jüngsten bedeutenden Beiträge zu dieser Problematik verdanken wir dem amerikanischen Histologen S u z u k i (1963). Er studierte an mehr als 300 Exemplaren der Rotwangen-Schmuckschildkröte (*Chrysemys scripta elegans*) u.a. auch die Verknöcherungsprozesse der Panzerelemente. Dabei wurde erneut bewiesen, daß die Knochenplatten jeweils eigene Verknöcherungszentren aufweisen. Im Verlauf des Wachstums schließen sich die großen Knochenlücken (Fontanellen), wobei solche Öffnungen im Bereich von Rippen- und Randplatten am längsten sichtbar bleiben.

Die Platten des Carapax scheinen überwiegend in eigenständigen Hautknochen ihren Ursprung zu haben und nicht von klassischen Knochenelementen des Wirbeltierskelettes ableitbar zu sein. So konnte die fortschreitende Degeneration der knorpelig unter den Rippenplatten angelegten Rippen verfolgt werden und nicht etwa ihre Beteiligung an der Ausbildung des Carapax.

Aus anderen Untersuchungen ist bekannt, daß hingegen einige Platten des Bauchpanzers wahrscheinlich von klassischen Knochen der ursprünglichen Reptilien ableitbar sind, so die Epiplastra von den Schlüsselbeinen und das Entoplastron vom Zwischenschlüsselbein (Interclavicula) altertümlicher Reptilien. Die übrigen Bauchpanzer-Platten können vermutlich von den sogenannten Bauchrippen, einer weiteren Besonderheit altertümlicher Reptilien, abgeleitet werden.

Aufgrund ihrer leichten Vermehrung können gerade die Schmuckschildkröten Studienobjekte zur weiteren Erforschung der Entstehung des Schildkrötenpanzers liefern, so daß mit der Aufklärung weiterer Details zu rechnen ist.

Eine weitere anatomische Besonderheit der Schildkröten ist zweifellos ihr Schädel. Charakteristisch ist sein ursprünglicher Bauplan (anapsider Schädeltyp), verbunden mit dem Fehlen zahlreicher Knochenelemente. Am auffälligsten ist jedoch das vollständige Fehlen von Zähnen, die durch Hornschneiden ersetzt sind. Der Schmuckschildkröten-Schädel entspricht weitgehend dem familientypischen Bauplan. Über die Besonderheiten im Schädelbau, die zur Gliederung der Familie Sumpfschildkröten (Emydidae) in zwei Unterfamilien Anlaß gaben, vergleiche die Ausführungen auf S. 31.

## 3.5. Die inneren Organe und ihre Leistungen

Die inneren Organe der Schmuckschildkröten entsprechen dem „Normalfall“ ihrer Familie, den Emydidae. Die Angehörigen der Familie Sumpfschildkröten wiederum stellen hinsichtlich der Anatomie ihrer Organsysteme „typische“ Schildkröten dar.

In einer klassischen Studie stellte Bojanus (1819) die Anatomie der Europäischen Sumpfschildkröte (*Emys orbicularis*) dar. Im Band 418 der „Neuen Brehm-Bücherei“ über die Süßwasserschildkröten Europas wird auf der Grundlage der noch immer gültigen Darstellung von Bojanus das Wichtigste zur allgemeinen Anatomie der Organsysteme gesagt, was somit auch für unsere Schmuckschildkröten zutrifft und hier nicht wiederholt werden soll.

Schmuckschildkröten haben als Studienobjekte zum Erforschen der spezifischen Leistungen des Wasserschildkröten-Organismus gedient, die uns besonders über die Temperaturregelung, die Stoffwechsel- und Kreislaufverhältnisse informieren.

Wie für alle Reptilien, so hat auch für die Sumpfschildkröten die Temperatureinregelung während des Tagesablaufes besondere Bedeutung. Im Kapitel „Lebensweise und Umweltbeziehungen“ wird auf die entsprechende Lebensgewohnheiten und Verhaltensweisen in diesem Zusammenhang ausführlich eingegangen. Hier soll uns hingegen etwas spezieller interessieren, wie die Schmuckschildkröten das Tauchen und Schwimmen als wichtige alltägliche Aktivitäten meistern. Zweifellos fordern das Tauchen und der Unterwasseraufenthalt zur Nahrungssuche usw. dem Organismus hohe Leistungen ab.

Belkin (1964) studierte die Herzfrequenz und Atmung bei Schmuckschildkröten, die untergetaucht am Grund eines Aquariums bei „simulierter“ Nacht (Verdunklung) ruhten. Die Schildkröten gewöhnten sich im Versuch an die künstliche Nachtruhe, was am Schlafverhalten (nur periodisches Augenöffnen, Kopfanheben und Auftauchen zum Luftholen, aber keine weiteren Aktivitäten) zu erkennen war.

Die Tauchzeit der schlafenden Schildkröten betrug durchschnittlich eine Stunde (Extreme zwischen 4 und 141 min!). Das Luftholen – die Atmungszeit – wurde zwischen 30 und 240 s ermittelt. Das bedeutet, daß die Tauchzeit etwa 50mal so lange andauert wie die Atmungszeit! Die Herztätigkeit der untergetaucht schlafenden Schildkröten war deutlich geringer als bei den aufgetauchten Tieren. Die mittlere Herzschlag-Rate der untergetauchten Schildkröten betrug nur 40 % der von aufgetauchten Tieren. Sofort nach dem Abtauchen fiel der Herzschlag auf das Minimum von 2,3 Schlägen/min (bei 22 °C) ab. Unter diesen Bedingungen ermittelte der Autor zugleich einen Sauerstoff-Verbrauch von 10–15 ml $O_2$/kg Körpergewicht einer Schmuckschildkröte. Für eine etwa 5 kg schwere *Chrysemys concinna* ermittelte er einen Sauerstoff-Vorrat von etwa 165 ml, woraus sich bei normalem Verbrauch unter Ruheverhältnissen eine mögliche Tauchzeit von 2 bis 3 Stunden errechnen läßt. Für die Auslösung des rationell sparsamen Herzschlages und Sauerstoffverbrauches während des Tauchens ist ein Teil des Nervensystems (der nervus vagus) der Tiere verantwortlich.

Jackson u. Schmidt-Nielsen (1966 und 1968) befaßten sich ebenfalls mit den Stoffwechselvorgängen beim Tauchen der Schmuckschildkröten. Sie stellten fest, daß die Wärmeproduktion des Organismus während des Tauchens merklich abnimmt. In Tauchzeiten von 20–25 min entspricht die Wärmeabgabe derjenigen von nicht getauchten Tieren. Allerdings geht der Sauerstoffvorrat im Blut und der Atemluft während dieser Zeit rapid zurück. Taucht die Schildkröte länger, so sind nach 45 min die

Sauerstoff-Reserven fast verbraucht, und die Wärmeproduktion geht auf 40 % des Ausgangswertes zurück. Bei noch längerem Tauchen geht die Wärmeproduktion auf nur 15 % des Ausgangswertes zurück, während die Konzentration des Restsauerstoffs im Blut und der Lunge nunmehr konstant bleibt. Daraus schließen die Forscher, daß die Schmuckschildkröten bei längerem Tauchen ihre Körpertemperatur im wesentlichen durch anaerobe Stoffwechselprozesse aufrechterhalten, und nur zu einem geringen Anteil durch $O_2$-Aufnahmen aus dem Wasser (Schleimhaut-Atmung). Diese Ergebnisse wurden bei 24 °C Wassertemperatur ermittelt. Es ist leicht verständlich, daß bei kühleren Temperaturen oder gar im Winter die Stoffwechselvorgänge rapide zurückgehen. Damit werden die längeren Tauchzeiten möglich, und schließlich finden sich somit auch Erklärungen, wie während der Winterstarre der auf ein Minimum reduzierte Stoffwechsel gänzlich durch geringe Sauerstoff-Aufnahme aus dem Wasser und durch sauerstofffreie Stoffwechselprozesse im Gewebe der Tiere bewerkstelligt werden kann.

### 3.6. Die Sinnesorgane und ihr Leistungsvermögen

Im Leben der Schmuckschildkröten spielen das Auge und die Nase die wichtigste Rolle für die sinnliche Wahrnehmung. Daneben spielt das Wahrnehmen von Erschütterungen (der seismische Sinn) noch eine gewisse Rolle, während das Ohr bedeutungslos geworden ist. Über die Leistungen der Sinnesorgane liegen eine große Zahl spezieller Untersuchungen vor. Auch die Schmuckschildkröten haben häufig als Versuchstiere gedient und somit Aufschluß über ihr spezifisches Leistungsvermögen als auch über die allgemeinen Verhältnisse des betreffenden Organes bei Schildkröten schlechthin geliefert.

Das Auge der Schildkröten reagiert in erster Linie auf bewegte Reize. So ergaben Versuche von Hayes und Mitarbeitern (1967, 1969), daß bewegte Schatten die Schreck- und Fluchtreaktion der Schildkröten auslösten: Kopfeinziehen und Sturz ins Wasser. Die Reaktionsgeschwindigkeit steht dabei in direkter Beziehung zur Geschwindigkeit des Reizes. Bei Freilandhaltung von Schmuckschildkröten ist diese Beobachtung leicht nachzuvollziehen: langsames Annähern an den Sonnenplatz der Schildkröten setzt die Fluchtdistanz wesentlich herab.

Untersuchungen von Spigel (1963) ergaben, daß das Helligkeitsunterscheidungsvermögen (also von Grauwerten) sehr schlecht entwickelt ist, während das Farbunterscheidungsvermögen (Rot, Grün und Gelb) nach den Erfahrungen von Holmes u. Bitterman (1966) recht gut funktioniert.

Das Auge der Schmuckschildkröten ist somit in vielfältigen Lebenssituationen dienlich: bei der räumlichen Orientierung und dem Erkennen von Gefahren, beim Auffinden von Nahrung und Partnern. Wesentlich unterstützt wird es durch die Nase. Die geruchliche (olfaktorische) Orientierung der Schildkröten spielt besonders beim Erkennen der Nahrung, der Geschlechtspartner und Artgenossen eine entscheidende Rolle. Ersteres wird besonders bei unbeweglichen Nahrungsmitteln (Pflanzen, Aas, aber auch unbeweglichen und versteckt lebenden Beutetieren, wie Mollusken, Gliedertierlarven, Würmern usw.), letzteres hingegen bei sympatrisch lebenden *Chrysemys*-Arten bedeutsam.

Im Zusammenhang mit den Leistungen der Sinnesorgane sind häufig auch die Fähigkeiten des höheren Nervensystems untersucht worden. Einfache Dressur- und Lernversuche erbrachten immer wieder Beweise, daß die Schildkröten durchaus reptilientypische Nervenleistungen aufweisen und keineswegs „stumpfsinniger“ oder „dümmer“ als andere Reptilien sind. In mancher Hinsicht sind ihre intellektuellen Fähigkeiten denen der Säuger bereits ähnlich. Stets aber stehen ihre geistigen Fähigkeiten weit über denen der Fische. So konnten Holmes u. Bitterman (1966) an Umlern-Dressurversuchen bei der Farbunterscheidung und Spigel (1966) bei Versuchen, wo Schmuckschildkröten verschiedene Auswege aus einem Labyrinth erlernen mußten, gleichzeitig nachweisen, daß das Lerntraining sich sehr positiv auf die Leistungen der Schmuckschildkröten auswirkte. Damit erwiesen sich die Tiere als verhältnismäßig intelligent.

Die intellektuellen Fähigkeiten höher stehender Säugetiere werden jedoch bei weitem nicht in allen Fällen erreicht. So zeigten Versuche des Wahrscheinlichkeitslernens, daß Schmuckschildkröten hier in ihren Leistungen hinter den Säugern weit zurückblieben. Kirk u. Bitterman (1965) gaben den Schildkröten die Möglichkeit, zwischen zwei Farben, die sie anschwimmen konnten, zu wählen. Dabei wurde an beiden „Zielen“ unterschiedlich häufig durch Futtergaben „belohnt“ (variiert von 100:0, 70:30, 50:50). Im ersten Fall lernten die Tiere rasch den Belohnungsmodus verstehen und optimal auszunutzen, während sie bei partiell unterschiedlicher Belohnungshäufigkeit meist versagten und nur zufällig in der richtigen Häufigkeit die Ziele ansteuern. Ratten oder Affen hingegen erlernen diese komplizierteren Belohnungsmodalitäten relativ sicher und schnell.

Für den an der Psychologie seiner Schildkröten interessierten Pfleger ergeben sich zahlreiche Möglichkeiten, in einfach auszuführenden Versuchen weitere Fakten zum Leistungsvermögen der Sinnesorgane als auch der höheren Nerventätigkeit zu ermitteln. Derartige Beschäftigung mit den Tieren bringt ihm nicht nur viel Freude und interessante Erlebnisse, sondern kann auch helfen, unseren Kenntnisstand vom Wesen der Schildkröten zu verbessern.

## 4. Lebensweise und Umweltbeziehungen

### 4.1. Die Habitate der Schmuckschildkröten

Schmuckschildkröten sind bei der Wahl ihrer Lebensräume außerordentlich anpassungsfähig. Allerdings bestehen deutliche Zusammenhänge zwischen der Qualität der Lebensräume und den Chancen für ihre Schmuckschildkröten-Bevölkerung.

Generell ist die Palette der Gewässer, in denen *Chrysemys*-Arten leben können, sehr breit gefächert. Stehende und langsam fließende Gewässer werden jedoch deutlich bevorzugt. Die Größe des Wohngewässers kann beträchtlich variieren. Kleingewässer wie Tümpel, Sumpflöcher oder ruhige Gräben mit geringer Tiefe werden vorwiegend von *Chrysemys picta* angenommen, während die anderen Arten größere Teiche, Seen, ruhige Flüsse, hier insbesondere deren Altwasser-Arme, deutlich gegenüber den Kleingewässern bevorzugen. *Chrysemys concinna, floridana* und z. T. auch *rubriventris* bevorzugen mehr als die anderen Arten langsame tiefe Flüsse oder Seen. Auch Brackwasserzonen (Mündungsdeltas, brackige Küstensümpfe und Lagunen) werden von *Ch. concinna* und *Ch. rubriventris,* aber auch von *Ch. scripta* gelegentlich besiedelt.

Die anpassungsfähigste aller Schmuckschildkröten ist aber zweifellos *Ch. picta,* die von Kleinstgewässern über alle größeren Still- und Fließgewässer hin bis zu Brackwasserhabitaten überall zu leben vermag, wenngleich auch mit unterschiedlichem Erfolg. Sie wird in dieser ökologischen Plastizität nur noch von den Antillen-Schmuckschildkröten (*Ch. terrapen*) erreicht, die ebenfalls jegliche zur Verfügung stehende Gewässer auf den Inseln als Habitat annehmen müssen, wenn sie dort bestehen wollen. So sind sie in kleinen temporären Wasseransammlungen der Inseln genauso wie in den brackigen Lagunen zu finden. Auf den Großen Antillen leben sie auch in relativ schnellfließenden größeren Flüssen, die von den Festlandarten der Schmuckschildkröten stärker gemieden werden.

Chemismus und „Sauberkeit" des Wassers spielen innerhalb normaler biologischer Grenzen offenkundig nur eine geringe Rolle für Schmuckschildkröten. Sekundär sind sie jedoch für das Nahrungsangebot der Schildkröten von großer Bedeutung. Sowohl carnivore als auch herbiphore Schmuckschildkröten-Populationen sind in Gewässern mit größerem Nahrungsangebot logischer Weise individuenreicher, die Tiere im Durchschnitt deutlich größer.

Knight u. Gibbons (1968) konnten nachweisen, daß sich eine Population von *Ch. picta* in einem mit Abwasser relativ stark belasteten Fluß außerordentlich gut entwickelte. Die Abwasserbelastung brachte gute Voraussetzungen für die Massenentwicklung von Mückenlarven im Frühsommer, während später Cladoceren die Hauptnahrung bildeten. Die Schildkrötenpopulation hatte sich vorwiegend carnivor entwickelt und nutzte die wechselnden Saisonangebote an Nahrung. Vergleichende Untersuchungen an benachbarten „sauberen" Flüssen mit stärkerem Wasserpflanzenwuchs und mehr herbiphoren Populationen von *Ch. picta* ergaben, daß sich das Wachstum der Schildkröten dort deutlich langsamer vollzog als im abwasserbelasteten Fluß.

Dieser „positive Fall" von Umweltbeeinträchtigung durch menschliche Aktivität ist aber nur innerhalb der biologisch vertretbaren Grenzwerte möglich. Bei Überschreitung dieser Barriere käme es auch hier zum Zusammenbruch des biologischen Abbauvermögens der Abwässer durch die Mikroorganismen und Pflanzen im Fluß und damit auch zum Ende der vorübergehend bevorteilten Schildkrötenpopulation.

Einen anderen interessanten Fall von positiven Auswirkungen durch Umweltbeeinträchtigungen auf *Ch. scripta* berichtet Gibbons (1969, 1970). In einem künstlich erwärmten Gewässer treten außergewöhnliche Zuwachsraten und auch extreme absolute Körpermaße und Gewichte der Schildkröten auf. Die Erwärmung des Wassers erfolgte durch das Kühlsystem eines Atomreaktors. Dadurch wurde das Wachstum von Wasserpflanzen, aber auch von Insekten und anderen Futtertieren begünstigt. Zum anderen wurden die Beziehungen zwischen Wassertemperatur und Wachstum der Schildkröten wirksam (siehe S. 75).

Einen wesentlichen Faktor für die Entwicklung der Schmuckschildkröten bildet die Größe bzw. die Tiefe ihrer Wohngewässer. Kleine Gewässer mit geringerem Volumen sind thermisch labil, d. h., sie erwärmen sich rasch und kühlen ebenfalls schnell aus. Sehr große Gewässer verhalten sich genau umgekehrt. Das betrifft Gewässer mit größeren Tiefenzonen weit mehr als großflächige, aber flache Gewässer. Wie im Abschnitt „Lebenszyklen-Wachstum" dargelegt wird, sind ganz allgemein für die Aktivitätsphasen, besonders aber für das Wachstum, sowohl bestimmte Grenzwerte der Temperaturen als Auslöser, wie auch konstante Temperaturen in bestimmter Höhe für den normalen Zuwachs verantwortlich. Der Temperaturhaushalt des Wohngewässers be-

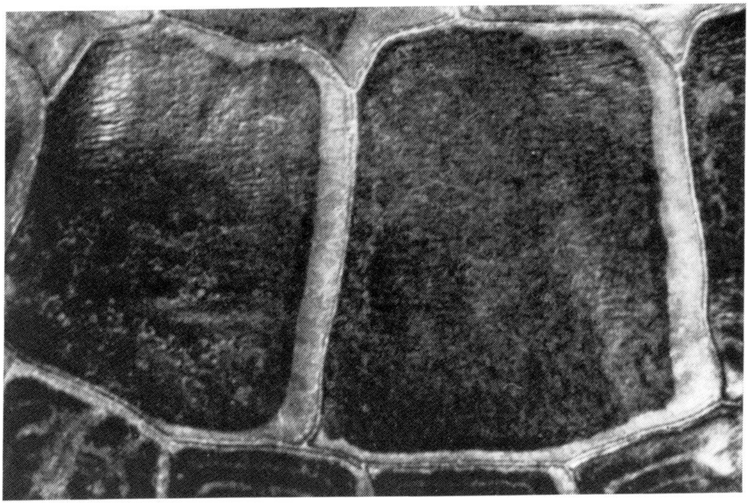

Abb. 17. Carapax-Schilder einer adulten Zierschildkröte *(Chrysemys picta)*; die Schildoberfläche ist weitgehend glatt, die Nähte zwischen den Schildern sind nur sehr gering vertieft. Aufn. M. Förster

Abb. 18. Carapax-Schilder einer adulten Antillen-Schmuckschildkröte *(Chrysemys terrapen)*; die Schildoberfläche zeigt Längsrillen, die z. T. über die Schildergrenzen hinweg verlaufen (Waschbrett-Struktur), die Nähte zwischen den Schildern sind deutlich vertieft, wodurch die leichte Aufwölbung der Einzelschilder unterstrichen wird. Aufn. M. Förster

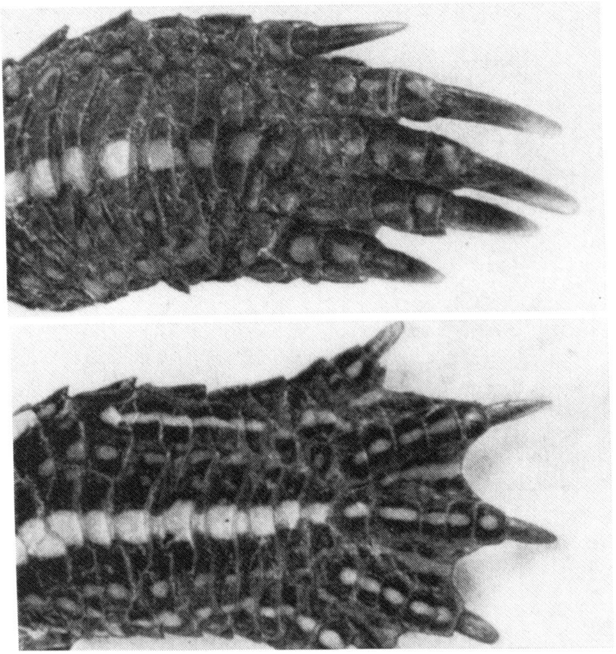

Abb. 19. Vorderextremitäten der Zierschildkröte (*Chrysemys picta*), oben ♂ mit deutlich verlängerten Krallen, unten ♀ mit normal ausgebildeten Krallen. Aufn. M. Förster

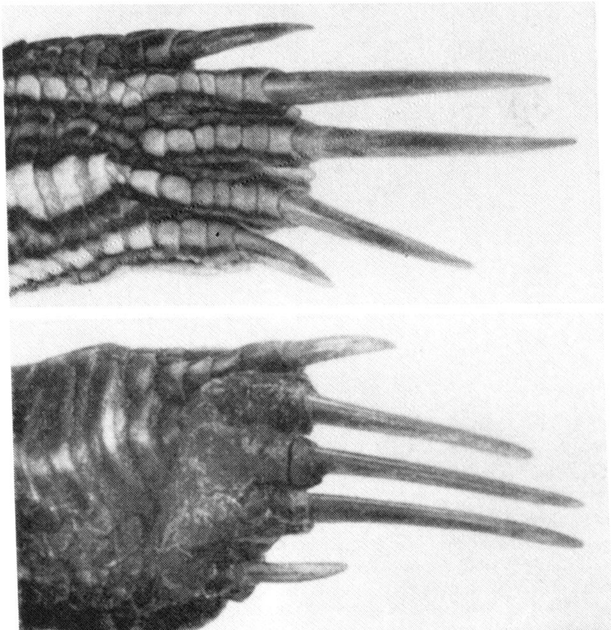

Abb. 20. Vorderextremitäten adulter ♂ verschiedener Schmuckschildkröten mit markanter Verlängerung der Krallen, oben *Chrysemys scripta elegans*, unten *Ch. floridana hoyi*. Aufn. M. Förster

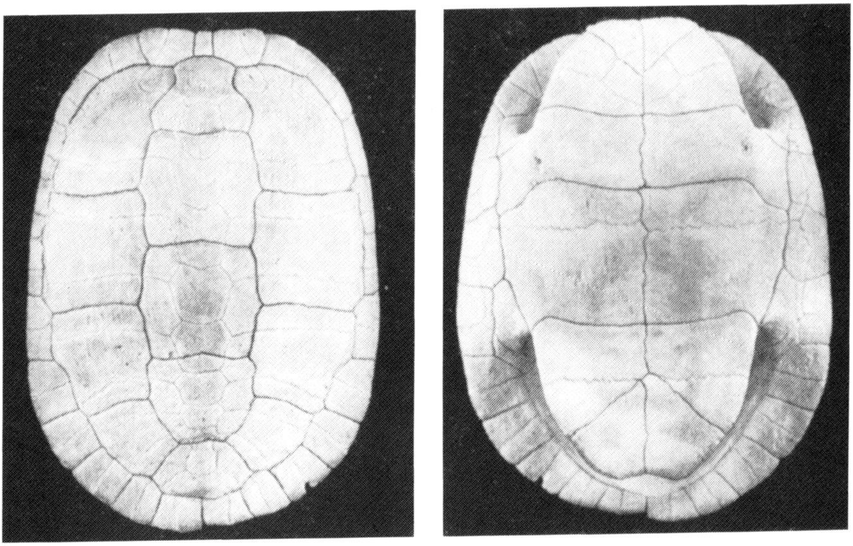

Abb. 21. Rückenpanzer (Carapax) (links) und Bauchpanzer (Plastron) (rechts) einer erwachsenen Pfauenauge-Schmuckschildkröte *(Chrysemys scripta ornata)*. Aufn. M. F ö r s t e r

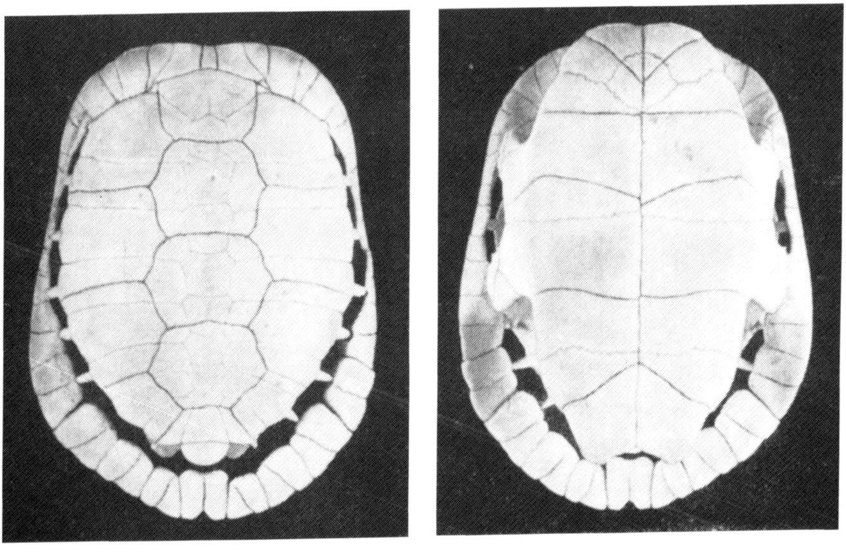

Abb. 22. Rückenpanzer (Carapax) (links) und Bauchpanzer (Plastron) (rechts) einer juvenilen Pfauenaugen-Schmuckschildkröte *(Chrysemys scripta ornata)*. Aufn. M. F ö r s t e r

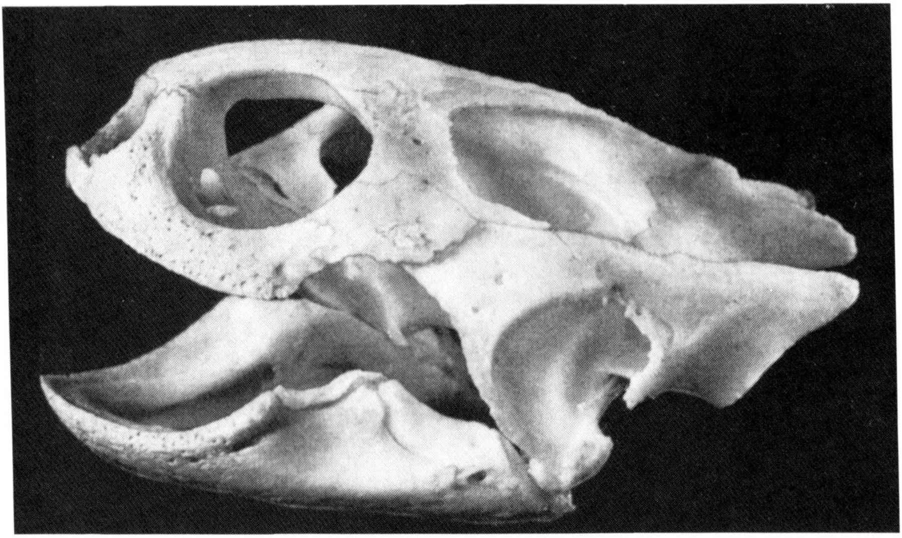

Abb. 23. Schädel einer Pfauenaugen-Schmuckschildkröte *(Chrysemys scripta ornata)*. Aufn. M. F ö r s t e r

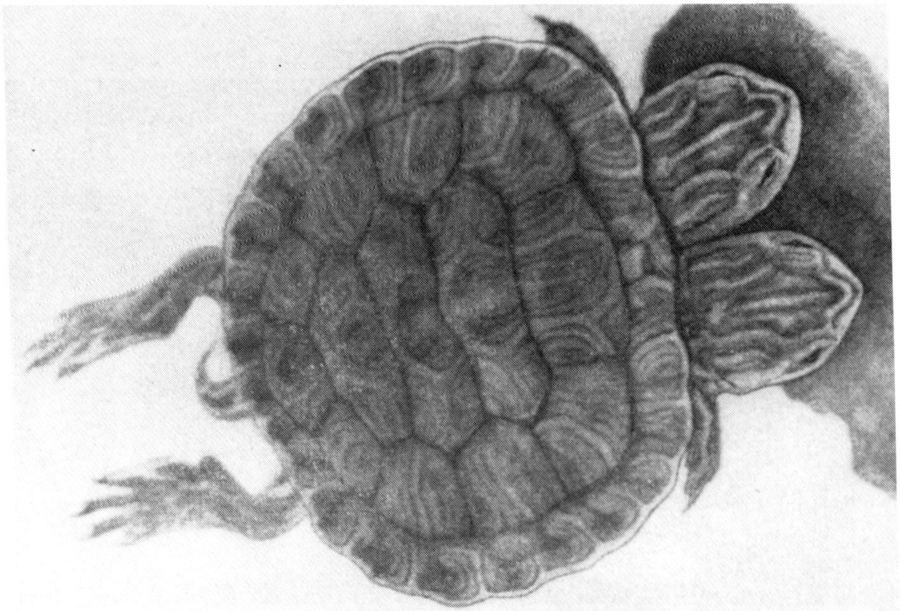

Abb. 24. Zweiköpfige Chimäre von *Chrysemys scripta elegans*. Aufn. R. H o n e g g e r

Abb. 25. Tümpel in South Carolina, USA, im Vordergrund ausgedehnte Bestände der Wasserhyazinthe *(Eichhornia)*. Aufn. E. Sochurek

Abb. 26. Teichlandschaft in South Carolina, USA, Schwimmpflanzengesellschaft als Lebensraum verschiedener Schildkröten, vorwiegend von Schmuckschildkröten. Aufn. E. Sochurek

Abb. 27. Sumpfzypressen-Bruchwald in South Carolina, USA; neben Schmuckschildkröten leben hier vor allem Tropfenschildkröten *(Clemmys guttata)*. Aufn. E. S o c h u r e k

Abb. 28. Everglades in Florida, USA. Aufn. E. Sochurek

Abb. 29. Everglades in Florida, USA; in der Bildmitte ein Mississippi-Aligator, einer der wichtigsten natürlichen Freßfeinde der Schmuckschildkröten. Aufn. E. Sochurek

Abb. 30. Kanal an einer Straße in Florida, USA, anthropogen entstandenes Habitat für zahlreiche Schildkröten, unter denen die Schmuckschildkröten vorherrschen. Aufn. E. Sochurek

Abb. 31. Flußufer in Mexiko, die Wurzeln und Äste der Uferbewachsung dienen als Sonnenplätze mit Sturzflucht-Möglichkeit ins tiefere Wasser. Aufn. E. Sochurek

Abb. 32. Tümpel im Sekundärwald von Mexiko, neben Schmuckschildkröten leben hier vor allem Schlammschildkröten der Gattung *Kinosternon*.
Aufn. E. Sochurek

Abb. 33. Tümpel im Sekundärwald, Mexiko; im stark verkrauteten Wasser haben Schmuckschildkröten sehr günstige Nahrungsbedingungen. Aufn. E. Sochurek

Abb. 34. Flußlandschaft im Norden Mexikos, hochsommerliches Restgewässer, in denen sich die Schildkröten (Schmuckschildkröten und Schlammschildkröten) stärker konzentrieren. Aufn. E. S o c h u r e k

Abb. 35. Flußlandschaft in Mexiko, die Felsblöcke am Ufer dienen als bevorzugte Sonnenplätze. Aufn. E. S o c h u r e k

Abb. 36. Antillen-Schmuckschildkröte *(Chrysemys terrapen)* von Kuba im Zoo Leipzig. Aufn. K. R u d l o f f

Abb. 37. Halbwüchsige *Chrysemys picta dorsalis.* Aufn. K. R u d l o f f

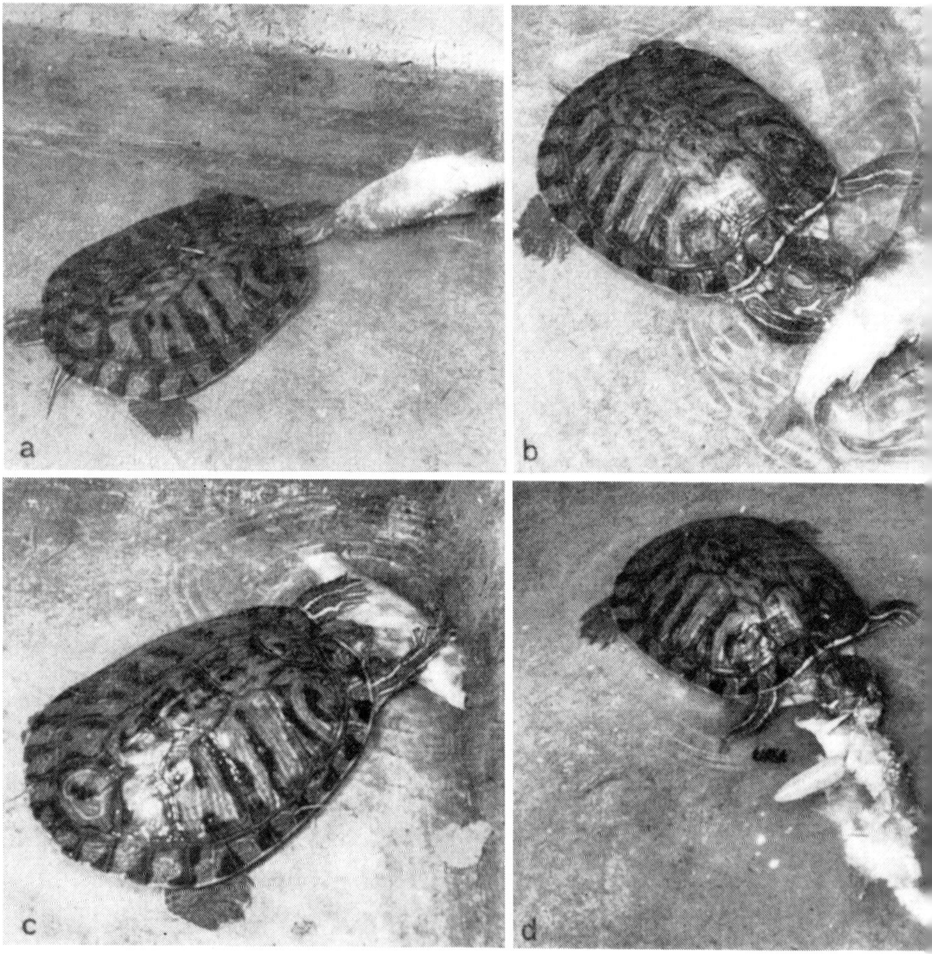


Abb. 38. Rotwangen-Schmuckschildkröte verzehrt einen toten Fisch. Das Futtertier wird durch Beriechen erkannt (a), der Fisch wird dann mit den Vorderextremitäten festgehalten, während große Bissen herausgerissen werden (b, c); besonders gern werden die Innereien des Fisches verzehrt (d), die Schwimmblase bleibt dabei oft übrig und verrät die vollzogene Fischmahlzeit der Schildkröten. Aufn. K. Rudloff im Tierpark Berlin

Abb. 39. Schmuckschildkröten beim Sonnenbaden im Terrarium; um besser an die Licht- und Wärmequelle zu gelangen, steigen die Tiere übereinander, diese Verhaltensweise ist an kleinen Sonnenplätzen auch im natürlichen Lebensraum zu beobachten. Aufn. K. Rudloff im Tierpark Berlin

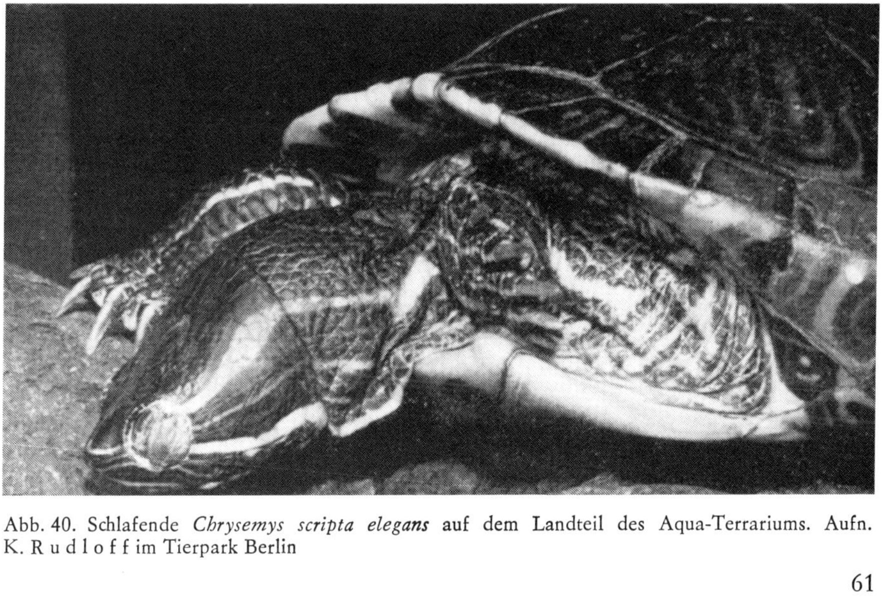

Abb. 40. Schlafende *Chrysemys scripta elegans* auf dem Landteil des Aqua-Terrariums. Aufn. K. Rudloff im Tierpark Berlin

Abb. 41. Hieroglyphen-Schmuckschildkröten *(Chrysemys concinna)*, 2 Jungtiere. Aufn. A. Nöllert

Abb. 42. Rotwangen-Schmuckschildkröte *(Chrysemys scripta elegans)*, Porträt. Aufn. A. Nöllert

Abb. 43. Pfauenaugen-Schmuckschildkröte *(Chrysemys scripta callirostris)*, Porträt. Aufn. K. Rudloff

Abb. 44. Fütterung erwachsener Schmuckschildkröten mit Wasserpflanzen (*Sagittaria* spec.) in E. Ross Allens Reptile-Institut. Silver-Springs, Florida. Archivfoto

Abb. 45. Aus Holz geschnitzte Schildkröte, Volkskunst der Mohawk-Indianer (Irokesen) in Nordamerika aus dem 19. Jahrhundert. Original aus dem Staatlichen Musem für Völkerkunde in Dresden. Aufn. M. Förster

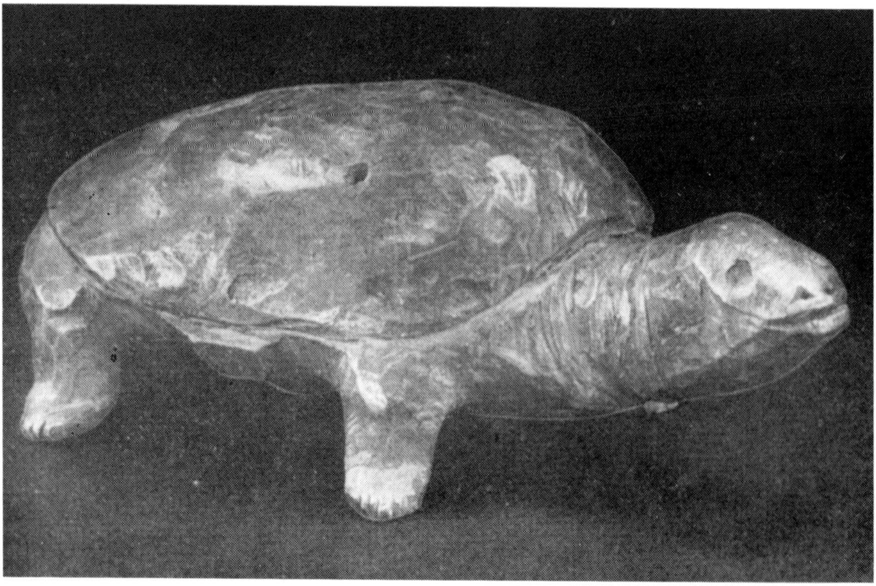

stimmt damit die Entwicklung der Schmuckschildkrötenpopulation wesentlich. Seinerseits ist der Temperaturhaushalt stark von der Gestalt, Tiefe und Größe des Gewässers abhängig. Q u i n n u. C h r i s t i a n s e n (1971–72) untersuchten in Iowa diese vielfältigen Beziehungen für eine *Ch. picta belli*-Population.

Für alle Schmuckschildkröten spielt der Pflanzenwuchs in ihren Wohngewässern eine große Rolle. Allen Sumpfschildkröten bieten Wasserpflanzen Deckung und sichere Unterschlupfplätze. Besonders Schwimmblätter oder flutende Schwimmpflanzen-Gesellschaften (im Süden des *Chrysemys*-Areals vor allem *Eichhornia* und *Pistia*-Teppiche, im Norden bereits Wasserlinsen-Ansammlungen) sind dafür geeignet. Arten, die sich überwiegend herbiphor ernähren (*Ch. concinna, Ch. floridana*), sind unmittelbar an wasserpflanzenreiche Habitate gebunden. Aber auch carnivore Schmuckschildkröten finden besonders in den Wasserhyazinthen-(*Eichhornia*)-Gesellschaften reiche Nahrung. Ausgesprochen pflanzenarme und damit auch deckungsarme Gewässer (neue Drainagegräben, Kanäle, frisch aufgelassene Bagger-Gewässer u. ä.) werden zuerst von *Ch. picta* besiedelt, ehe eventuell andere Schmuckschildkröten folgen (*Ch. picta – Ch. scripta – Ch. rubriventris – Ch. concinna* und *Ch. floridana*).

Ein weiterer wichtiger Gesichtspunkt für die Eignung der Gewässer als Schmuckschildkröten-Habitat ist ihre Besonnung. Damit eng verbunden ist die Gestaltung der Uferzonen und der Sonnenplätze. Alle Schmuckschildkröten benötigen während der Aktivitätsphase möglichst täglich Sonnenbäder. Das Sonnen dient nicht nur zur Regulation der Körpertemperatur (Aufheizen), sondern hat weitgehende hygienische Funktionen, wie im Abschnitt „Sonnenbaden" erläutert wird. Zum Sonnenbad werden gut sonnenexponierte, am besten unmittelbar über der Wasserfläche liegende Örtlichkeiten erklettert. Die Sonnenplätze sollen den Schildkröten auch eine Sturzflucht ins Wasser ermöglichen. Daher werden Habitate mit überhängenden Uferbereichen, sofern sie erkletterbar sind, bevorzugt. Noch günstiger sind jedoch im Wasser treibende oder ruhende Sonnenplätze (Felsen, Baumstämme), die durch entsprechende Entfernung vom Ufer zusätzlich Sicherheit gewähren.

Nicht unwesentlich ist schließlich die Nähe geeigneter Eiablageplätze in der Nähe der Wohngewässer. Als Eiablagehabitate kommen überschwemmungssichere trockenwarme Böschungen mit lockerem sandigem Bodengrund besonders in Frage. In Mündungsbereichen der Flüsse und anderen Tieflandsituationen werden aber auch Sandbänke der Flüsse als Eiablageplätze akzeptiert. In Ausnahmefällen werden sogar warme humose Boden angenommen. Sind geeignete Eiablageplätze in der Nähe sehr günstiger und folglich individuenreicher Schmuckschildkröten-Habitate nicht verfügbar, so erfolgen in Ausnahmefällen größere Wanderungen (0,5–1,0 Meilen) durch die ♀. Vielfach – besonders in Bereichen mit nur wenigen günstigen Eiablageplätzen – kommt es zur Vergesellschaftung zahlreicher legereifer Weibchen.

## 4.2. Populationsstrukturen bei Schmuckschildkröten

Die unmittelbaren Wechselwirkungen zwischen der Struktur der Habitate und der Entwicklung der Schildkrötenpopulationen wurden teilweise bereits erörtert. Über die Zusammensetzung der Schmuckschildkröten-Bevölkerung unterschiedlicher Habitate liegen zahlreiche Befunde vor. So untersuchte G i b b o n s (1968) in SW-Michigan in einem Sumpfgebiet eine Population von *Ch. picta.* Dabei wurden etwa 1000 Tiere markiert.

Das Geschlechterverhältnis in dieser Population, sowohl bei den geschlechtsreifen wie den noch juvenilen Tieren, belief sich annähernd auf 1 : 1. Dabei war etwa die Hälfte aller Schildkröten noch nicht geschlechtsreif.

Im Untersuchungsgebiet legen die ♀ insgesamt etwa 6000 Eier im Jahr, wovon allerdings nur 2 % den Schlupf erleben! Als Ursachen für diese geringe Inkubationsrate sind ausgebliebene Befruchtung, ungünstige Wetterbedingungen in der Inkubationszeit und Eierraub durch Freßfeinde die Hauptursachen.

Die Verluste bei den Schlüpflingen schienen wesentlich geringer zu sein, so daß die meisten davon die Geschlechtsreife erreichen. Mit etwa 5 Jahren hatten die ♂ bei einer Panzerlänge von 80–100 mm die Geschlechtsreife erlangt. Die ♀ benötigten dafür 7 bis 10 Jahre und mußten dazu 110–120 mm Panzerlänge erreichen. Die erwachsenen (geschlechtsreifen) *Ch. picta* hatten offenkundig eine höhere Sterblichkeitsrate als die juvenilen. Für diesen merkwürdigen Sachverhalt fand der Autor keine Erklärung.

Die Lebenserwartungen der Schildkröten in dieser Population betrug für die Hälfte aller Individuen beider Geschlechter etwas über 15 Jahre, während der anderen Hälfte ein kürzeres Leben beschieden war. Maximale Alter wurden auf mehr als 40 Jahre ge-

Tabelle 1. Erreichen der Geschlechtsreife in Abhängigkeit vom Vorkommen. Bei *Ch. picta* und *scripta* jeweils von Nord nach Süd. Zusammengestellt von Harless u. Morlock (1979) nach verschiedenen Quellen

| Art/Gebiet | ♂ | | ♀ | |
|---|---|---|---|---|
| | Panzerlänge in mm | Alter in Jahren | Panzerlänge in mm | Alter in Jahren |
| *Chrysemys picta* | | | | |
| S-Minnesota | 85 | – | 125 | – |
| Wisconsin | 95–100 | 4–5 | 135–140 | 7–8 |
| Neu-Mexiko | 80–90 | 3 | 120–130 | 5 |
| N-Michigan | 90 | – | 120–130 | – |
| S-Michigan | 100–105 | 4–5 | 120 | 7 |
| S-Michigan | 80 | 5 | 110–120 | 7–10 |
| Zentr. Illinois | 80–85 | 3–4 | 130 | 4–6 |
| S-Illinois | 70 | – | 120–125 | – |
| Pennsylvanien | 80–90 | 4 | 100 | 4–6 |
| Tennessee | 65 | 2–3 | 105 | 4–5 |
| Louisiana, Arkansas | 60–65 | 2–3 | 100 | 4 |
| *Chrysemys scripta* | | | | |
| Illinois, Tennessee, Louisiana | 90–100 | 2–5 | 150–195 | – |
| Oklahoma | 90–100 | 3 | 175 | 4 |
| Panama | 125–135 | 2–3 | 250–260 | 5–8 |
| *Chrysemys rubriventris* | | | | |
| Massachusetts | 220 | 9 | 220 | 9 |
| *Chrysemys concinna* | | | | |
| Florida | 145 | | 170 | – |

schätzt. Die Altersbestimmung erfolgte nach gesicherten Vergleichswerten anhand der Panzerlänge.

Über die Beziehungen zwischen geographischer Lage (und damit dem Klima!) und Größe bzw. Lebensalter beim Erreichen der Geschlechtsreife gibt Tabelle 1 Auskunft. Dabei werden beträchtliche Unterschiede sowohl zwischen den Arten als auch innerhalb einunddderselben Art in unterschiedlichen Breitengraden sichtbar!

Die nahezu ausgewogenen Geschlechterverhältnisse in allen Schmuckschildkröten-Populationen bestätigen zahlreiche Untersuchungen in verschiedenen Gebieten und bei verschiedenen Arten. Nur in seltenen Fällen wurden gröbere Disproportionen festgestellt. So berichten Raney u. Lachner (1942) von einer *Ch. picta*-Population bei New York, in der nur 31 % ♀ festgestellt wurden. Ähnliche Verhältnisse beobachteten Moll u. Legler (1971) in Panama bei *Ch. scripta* mit nur 34 % ♀. Demgegenüber konnte Sexton (1959) in Michigan eine *Ch. picta*-Population mit 60 % ♀ als höchste Quote nachweisen.

Wie stark sich allerdings auch die Sammelmethode (Fang nach Sicht, Fang mit unterschiedlichen Fallen und Ködern) verfälschend auf die Ergebnisse von Untersuchungen von Populationsstrukturen auswirken können, belegten Ream und Ream (1966) an einem Beispiel für *Ch. picta*. Im Mendota-See in Wisconsin wurden im Verlaufe von drei Sommern (1960–62) 530 Exemplare von *Chrysemys picta* gefangen und markiert. Die Tiere wurden nach dem Vermessen wieder freigelassen. 261 Exemplare, also etwa 50 %, wurden zum wiederholten Male per Hand oder Falle erbeutet, so daß also insgesamt „791" Fangerfolge zu verzeichnen waren. Unter Auswertung der unterschiedlichen Ergebnisse schätzten die Autoren die tatsächliche Zusammensetzung der Population mit 10 % Juvenilen, 50 % ♂ und 40 % ♀ ein. Die angewandten Fangmethoden spiegelten diese Proportionen allerdings stark verzerrt wider. Beim Fang mit der Hand nach Sicht wurden überwiegend Juvenile gefangen, während Köderfallen vorwiegend ♂ anlockten. Versteckplätze vortäuschende köderlose Korbfallen hingegen enthielten überwiegend unter Wasser streunende ♀.

Über die Besiedlungsdichte in verschiedenen Schmuckschildkröten-Populationen gibt Tabelle 2 Auskunft. Dabei spielen offenkundig die hier zwar nicht miterfaßten, bei der Besprechung der Schmuckschildkröten-Habitate jedoch erörterten Faktoren eine wichtige Rolle.

Tabelle 2. Populationsstärken verschiedener Schmuckschildkröten. Zusammengestellt von Harless u. Morlock (1979) nach verschiedenen Quellen

| Art | Gebiet | Habitat | Individuen auf 1000 $m^2$ |
|---|---|---|---|
| *Chrysemys scripta* | Panama | Teich | 19 |
| | S-Carolina | Süßwasserbucht | 9 |
| *Chrysemys picta* | Pennsylvanien | Teich | 60 |
| | New York | Teich | 2–3 |
| | Michigan | Teich | 10–40 |
| | Michigan | Teich | 58 |
| | Wisconsin | See | 1–5 |

## 4.3. Revierbildung und Orientierung

Über die individuellen Revieransprüche der Schmuckschildkröten liegen nur wenige Untersuchungen vor. Es ist verständlich, daß die absoluten Ausmaße des in Betracht kommend Habitats (Tümpel, Teich, See usw.) ein wesentlicher Faktor für mögliche Reviergrößen sein werden. Untersuchungen in Kleinstgewässern sagen aus diesem Grund weniger über den tatsächlich möglichen Aktionsradius einer bestimmten Schmuckschildkröte und ihr Heimfindevermögen innerhalb ihrers Reviers aus. Offenkundig sind Schmuckschildkröten wie auch die meisten anderen Sumpfschildkröten zumindest über größere Zeiträume hinweg ortstreu. Ob diese Ortstreue bzw. Revierbindung nur eine Aktivitätsperiode lang oder über mehrere bzw. das ganze Leben anhält, ist noch unklar.

Moll u. Legler (1971) beobachteten in Panama, daß adulte *Chrysemys scripta* sich in einem Fluß, ihre Jungen hingegen in anliegenden Tümpeln aufhielten. Neun markierte Alttiere legten auf dem Fluß zwischen zwei Wiederbeobachtungen Distanzen von 140–500 m zurück. Das entspricht Flächen von etwa 1,6–13 ha, die dabei als Revier kontrolliert werden. Die Autoren errechneten eine durchschnittliche Reviergröße von 3,6 ha für eine adulte *Chrysemys scripta.* Juvenile und Baby-Exemplare bevorzugten kleine Tümpel. Für 24 beobachtete juvenile Exemplare ergaben sich Reviere von etwa 0,4 ha als Durchschnittswert. Die einzelnen Tiere bewegten sich dabei in Abschnitten von 25–100 m Länge. Die Schildkröten-Babys (10 beobachtete Exemplare) legten Strecken zwischen 10 und 62 m zurück. Das entspricht immer noch einer individuellen Reviergröße von 40 $m^2$ für ein Schildkröten-Baby! Aus den Beobachtungen wird ersichtlich, daß sich mit zunehmendem Lebensalter der Orientierungssinn verbessert und damit das Revier beträchtlich erweitert werden kann.

Zum Orientierungs- und Heimfindevermögen wurden zahlreiche Experimente durchgeführt. Dazu wurden Schildkröten verfrachtet und die zurückgefundene Distanz sowie die benötigte Zeit gemessen. Bei Verfrachtungen bis zu 100 m vom Wohngewässer weg fanden die Schildkröten nahezu alle und z. T. innerhalb sehr kurzer Zeit wieder zurück, während bei Distanzen von etwa 1,5 km kaum noch Heimfinde-Erfolge zu beobachten waren (Emlen 1969). Aufschlußreiche Ergebnisse über den Einfluß strömenden Wassers auf das Heimfindevermögen brachten die Verfrachtungsexperimente von Ernst (1970). 25 von 50 Exemplaren *Chrysemys picta,* die etwa 1,5 km stromaufwärts in einem Flußhabitat umgesiedelt wurden, konnten innerhalb von zwei Jahren, die meisten von ihnen allerdings sogar schon innerhalb des ersten Jahres, wieder an der alten Stelle beobachtet werden. Von 60 Exemplaren, die etwa 3 km stromabwärts gebracht wurden, kehrten im gleichen Zeitraum hingegen nur 12 zurück.

Eng verbunden mit der Revierbildung ist die soziale Verträglichkeit der Individuen. Sie ist wiederum stark abhängig von der Gliederung des Habitats einer Population. Am verträglichsten gegen art- bzw. gattungsfremde Sumpfschildkröten vergleichbarer Lebensweise und gegenüber Artgenossen sind die Schmuckschildkröten an gemeinsamen Sonnen- und Eiablageplätzen. Während *Chrysemys picta* und die Arten der Untergattung *Pseudemys* sehr verträglich und gesellig sind, erweisen sich die Angehörigen der Untergattung *Trachemys* häufig als aggressiver gegen arteigene und artfremde Schildkröten. Dieses Verhalten ist bei den Unterarten von *Chrysemys scripta* unterschiedlich ausgeprägt, während die Antillen-Schmuckschildkröten (*Chrysemys terrapen*) in ihrem sozialen Verhalten stärker von den übrigen Arten abweichen. Sie sind ausgesprochen aggressiv gegeneinander. Das läßt sich am ehesten mit der Nahrungsknappheit für die meisten *Chrysemys terrapen*-Populationen besonders auf den kleineren Inseln erklären.

## 4.4. Ökologische Beziehungen zu anderen Wasserschildkröten-Gattungen

Die nord- und mittelamerikanische Schildkrötenfauna umfaßt neben den Schmuckschildkröten innerhalb der Familie Sumpfschildkröten (Emydidae) eine ganze Anzahl weiterer Gattungen, die mit den Schmuckschildkröten mehr oder weniger eng verwandt sind (vgl. S. 33ff.). Außerdem leben dort aber auch noch weitere Schildkrötenfamilien, die genauso stark oder noch mehr ans Wasser gebunden sind. So ist die Familie Alligatorschildkröten (Chelydridae) mit zwei monotypischen Gattungen, die Familie Schlammschildkröten (Kinosternidae) mit 4, z. T. recht artenreichen Gattungen, die Familie Tabasco-Schildkröten (Dermatemydidae) in Mexiko mit nur einer Art und die Familie Weichschildkröten (Trionychidae) durch eine Gattung mit 3 weitverbreiteten Arten im gleichen Gebiet wie unsere Schmuckschildkröten Zuhause. Die Mannigfaltigkeit der Wasserschildkröten nimmt dabei von Nord nach Süd stark zu.

In der südamerikanischen (neotropischen) Schildkröten-Fauna ist *Chrysemys scripta dorbigni* ein „moderner Einwanderer", häwrend die bodenständigen aquatisch lebenden Schildkröten überwiegend zwei Familien angehören, die zusammen die Unterordnung Halswender (Pleurodira) bilden. Die ökologischen Beziehungen zwischen den Schmuckschildkröten und anderen Wasserschildkröten sollen hier aber nur für die nordamerikanischen (nearktischen) Arealteile der Gattung besprochen werden.

Es kann gesagt werden, daß sich aufgrund unterschiedlicher Umweltansprüche und Verhaltensweisen die Schmuckschildkröten deutlich von den Alligator-, Schlamm- und Weichschildkröten abgrenzen. Diese Schildkröten sind an andere Bereiche der Gewässer gebunden (tiefere dunklere Abschnitte, Unterwasserhöhlen, Schlammschichten) oder sie besiedeln vor allem Gewässertypen, die von Schmuckschildkröten nicht bevorzugt werden (z. B. Kinosternon in tropischen Kleingewässern). Aber auch unterschiedliche Aktivitätsrhythmen verringern die Konkurrenz. Im Unterschied zu den Schmuckschildkröten sind Alligator-, Schlamm- und Weichschildkröten weit mehr dämmerungs- und nachtaktiv.

Die größten Übereinstimmungen aller Ansprüche bestehen tatsächlich zwischen den Schmuckschildkröten und den anderen Gattungen der Sumpfschildkröten. Der Nahrungsreichtum und die Weiträumigkeit der Biotope gestatten aber, daß sich in der Nearktis viele Sumpfschildkröten-Arten nebeneinander entwickeln und behaupten konnten, obwohl sie nur sehr geringe Unterschiede in ihrer biologischen Spezialisierung aufweisen.

Im Norden des Areals sind die Schmuckschildkröten (besonders *Ch. picta*) häufig mit den ökologisch ebenfalls auf Kleingewässer spezialisierten und genauso carnivoren *Clemmys*-Arten, besonders mit der weitverbreiteten *Clemmys guttata* vergesellschaftet. Im Osten und im Mittleren Westen des nordamerikanischen *Chrysemys*-Areals leben neben ihnen *Emydoidea blandingi, Terrapene carolina* und *Deirochelys reticularia.* Besonders die letztgenannte Art lebt im Südosten der USA unter sehr ähnlichen Bedingungen wie omnivore *Chrysemys*-Arten. An vielen Stellen nutzen die vergesellschafteten Sumpfschildkröten-Arten auch mit den Schmuckschildkröten gemeinsame Sonnen- und Eiablageplätze.

Im Süden und Südwesten Nordamerikas kommen neben *Chrysemys* vor allem die Höckerschildkröten (*Graptemys*) in zahlreichen Arten und individuenstarken Populationen vor. Viele *Graptemys* sind stärker herbiphor und bevorzugen zugleich die Weite größerer ausgedehnter Gewässer (Seen und Ströme), so daß sich keine ernstliche Konkurrenz zu den Schmuckschildkröten ergibt, die lieber in Ufernähe bleiben. An Sonnenplätzen sind aber häufig in großer Anzahl vergesellschaftete *Graptemys*- und *Chrysemys*-Arten zu beobachten, die dort nebeneinander oder gar übereinander, wenn die Plätze rar werden, verträglich sonnenbaden. Aggressives Verhalten hingegen kann häufiger an der Beute beobachtet werden. Es richtet sich aber gleichermaßen gegen arteigene wie artfremde Wasserschildkröten.

In Brackwasserzonen, welche zum Lebensraum der diesbezüglich spezialisierten Diamantschildkröten (*Malaclemys terrapin*) wurden, gibt es mitunter auch größere Populationen von *Chrysemys*-Arten, besonders von *Ch. picta* und *Ch. scripta.* Aber auch die brackigen Gewässer weisen eine vielfältige Habitatgliederung und sehr reichlich pflanzliche wie tierische Nahrung auf, so daß die anpassungsfähigen *Chrysemys*-Arten keinen Druck auf die hochspezialisierten *Malaclemys* ausüben.

Die Schnappschildkröte (*Chelydra serpentina*) aus der Familie der Alligatorschildkröten teilt vom südlichen Kanada an bis ins nördliche Südamerika hin das Areal mit den Schmuckschildkröten. Diese Art ist ebenfalls ökologisch höchst anpassungsfähig wie die Schmuckschildkröten, so daß sie häufig vergesellschaftet vorkommen. Im Südosten der USA lebt noch eine größere, aber stärker spezialisierte Chelydridae, die Geierschildkröte *(Macroclemys temmincki).*

Beide Arten der Alligatorschildkröten leben räuberisch und erbeuten vor allem zahlreiche Wirbeltiere. Darunter befinden sich auch regelmäßig Schmuck- und andere Wasserschildkröten. Juvenile *Chrysemys,* besonders Schlüpflinge werden bevorzugt Beute von *Chelydra serpentina,* während *Macroclemmys temminckii* als Lauerjäger vor allem erwachsene Schmuckschildkröten erbeutet, die auf dem Grund der Gewässer nach Nahrung suchen. Die Geierschildkröte ködert mit ihrem rotgefärbten rege beweglichen Zungenfortsatz, den sie in ihrem weit geöffneten, düster gefärbten Rachen spielen läßt, Fische und andere Tiere an. Durch blitzschnelles Zuschlagen der mächtigen Kiefer werden diese gepackt, sobald sie den Scheinköder angehen. Die Verluste, welche den Schmuckschildkröten-Populationen durch die beiden Arten der Alligatorschildkröten zugefügt werden, sind aber für die Populationen nicht bestandsgefährdend. Sie machen nur einen kleinen Teil der gesamten Einbußen an Individuen aus, die eine normale funktionierende Schmuckschildkröten-Population zu kompensieren vermag.

Harless u. Morlock (1979) stellen die Ergebnisse verschiedener Forscher gegenüber, die anhand repräsentativer Zahlen den prozentualen Anteil von Schmuckschildkröten gegenüber anderen, näher verwandten Sumpfschildkröten-Gattungen der Unterfamilie Emydinae sowie fernerstehenden Gattungen aus ganz anderen Familien süßwasserbewohnender Schildkröten ermittelt haben. Tabelle 3 vermittelt uns dabei einen aufschlußreichen Überblick. In allen untersuchten Wasserschildkröten-Biotopen mit Ausnahme des Biotops an der Golfküste sind die Schmuckschildkröten mit über 70 % Anteil die stärkste Gruppe. Nur im Golfküsten-Gebiet dominieren die Höckerschildkröten (*Graptemys*). Die als Freßfeinde der Schmuckschildkröten-Jungtiere in

Tabelle 3. Zusammensetzung der Süßwasserschildkröten-Bevölkerung in verschiedenen Gebieten der USA (in %)

| Lage des Biotops | Gesamtzahl aller gezählten Schildkröten n | davon Schmuckschildkröten *Chrysemys* | | | andere Sumpfschildkröten Emydinae | | | sonstige Süßwasserschildkröten | | |
|---|---|---|---|---|---|---|---|---|---|---|
| | | *scripta* | *floridana* | *picta* | *Deirochelys* | *Clemmys* | *Graptemys* | *Sternotherus* | *Trionyx* | *Chelydra* |
| Illinois | 1902 | 72 | — | 13 | — | — | — | 12 | 2 | 1 |
| Pennsylvanien | 1190 | — | — | 78 | — | 13 | — | 5 | — | 4 |
| Louisiana | 835 | 74 | 1 | — | $< 1$ | — | $< 1$ | 2 | 15 | 4 |
| South Carolina | 568 | 74 | 5 | — | 16 | — | — | 3 | — | 1 |
| Golfküste | 1106 | 11 | 16 | — | — | — | 48 | 23 | 1 | 1 |

Betracht kommenden Schnappschildkröten sind zwar in jedem der Untersuchungsgebiete vertreten, machen aber nur 1–4 % seiner Schildkröten-Bevölkerung aus. Die gelegentlich stärker vertretenen Schlammschildkröten (*Sternotherus*) und Weichschildkröten (*Trionyx*) hingegen spielen aufgrund ihrer minimalen ökologischen Beziehungen zu den Schmuckschildkröten keine Rolle für deren Populationsstärke.

## 4.5. Die Temperaturabhängigkeit ihrer Aktivität

Wie alle Reptilien, so sind auch unsere Schmuckschildkröten wechselwarme (poikilotherme) Wirbeltiere. Ihre Lebensvorgänge stehen in direkter Beziehung zur Veränderung ihrer Umgebungstemperaturen, also schließlich zu den Jahreszeiten. Das bedeutet jedoch nicht, daß die Körpertemperatur der poikilothermen Reptilien mehr oder weniger mit der Umgebungstemperatur identisch sei, wie immer noch oft fälschlich vermutet wird. Die Reptilien haben meist Körpertemperaturen, die deutlich von den Umgebungstemperaturen abweichen, d. h. oft erheblich höher sind. Ursache dafür sind die Stoffwechselvorgänge im Organismus.

Allerdings vermögen die wechselwarmen Schildkröten ihre Körpertemperatur noch nicht nur „aus eigener Kraft", d. h. also durch ihre Stoffwechselvorgänge über einen körpereigenen Regelmechanismus lange Zeit konstant zu erhalten. Die Schildkröten sind daher wie alle Reptilien bemüht, durch Ausnutzung der physikalischen Umwelteinflüsse ihre Körpertemperatur möglichst rasch auf das arteigene Temperaturoptimum einzustellen. Für Schmuckschildkröten ermittelte Boyer (1965) je nach Art als optimale Körpertemperatur Werte zwischen 30 und 32,7 °C. Temperaturen von 40 °C wirken bereits tödlich auf die Tiere (Gibbons 1968).

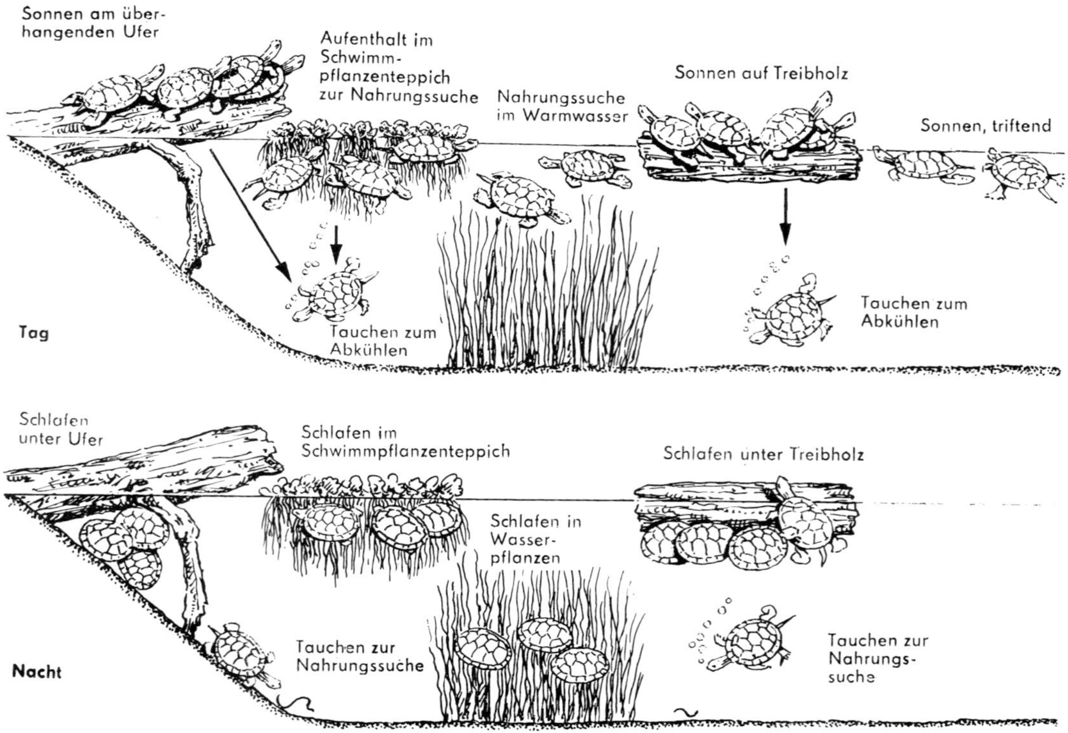


Abb. 46. Aktivität der Schmuckschildkröten in einem reich gegliederten Habitat, oben am Tag, unten bei Nacht. Orig. W. Leuck

### 4.5.1. *Die Überwinterung*

Selbst während der Winterruhe sind die Tiere bemüht, die stark gedrosselten Lebensfunktionen nicht unter kritische Grenzwerte absinken zu lassen, also nicht dem Kältetod zu verfallen. Sie haben dabei nicht die Möglichkeiten, die winterschlafenden Säugern durch aktives Unterbrechen der Ruhepause des Organismus zur Verfügung stehen (Erwachen, Bewegung, Nahrungsaufnahme usw.). Schildkröten in der Winterstarre am Grund der Gewässer können nur wenig tun, wenn es lebensbedrohlich kalt wird. Sie versuchen dann mit müden Bewegungen, noch etwas tiefer in schützende Schlamm- und Modderschichten einzudringen, wenn der Eispanzer des Überwinterungsgewässers bedrohlich wächst. Die geringen Sauerstoffvorräte des Restwassers, in dem die Tiere sitzen, bestimmen gemeinsam mit der Konzentration von $CO_2$ sowie anderer Gase und einer Reihe weiterer Faktoren, ob sie überleben können.

Kommen allerdings günstigere Zeiten, wird der Winter kurzzeitig milder oder naht gar der Frühling, so arbeiten sich die Schildkröten aus dem Schlamm und Pflanzensubstrat am Gewässergrunde heraus und bewegen sich bereits am Grund des noch zugefrorenen Gewässers. Gibbons (1967) beobachtete wiederholt, wie sich überwinternde *Chrysemys picta* am Grund eines Sees bei sonnigem Winterwetter in flachen Bereichen versammelten, um unter der dünnen Eisdecke am Gewässergrund ein erstes „Unterwassersonnen“ zum Erhöhen ihrer Körpertemperatur zu nutzen. Die Wassertemperatur betrug dabei nur 4 °C.

Sobald die Wassertemperatur 8–11 °C erreicht hat, beginnt für *Chrysemys picta* die Aktivität: erste Nahrungsaufnahme und sofort auch das Balzverhalten. Diese kritischen Auslöser-Temperaturen der Aktivität werden je nach geographischer Lage zu verschiedenen Zeiten erreicht. In Michigan ist das etwa Ende März der Fall, während in südlicheren Breiten weit früher damit zu rechnen ist. Wahrscheinlich sind die kritischen Temperaturen für die einzelnen Schmuckschildkröten-Arten etwas unterschiedlich.

Südlicher lebende Arten und Unterarten haben mit Sicherheit höhere Grenzwerte für ihre Aktivität. So konnten Pritchard u. Greenhood (1968) nachweisen, daß *Chrysemys rubriventris nelsoni* gegenüber anderen Arten im gleichen Biotop am wärmebedürftigsten ist (längste Sonnendauer) und zugleich die höchsten Werte der Letaltemperatur hatte. Selbst bei den subtropischen und tropischen Arten sind derartige Temperaturgrenzen vorhanden, größtenteils aber noch nicht im einzelnen ermittelt. Es liegt auf der Hand, daß sie geringfügiger von den niedrigsten Temperaturen abweichen werden, die jahreszeitlich bedingt in ihrem Areal vorkommen werden. Die subtropischen und tropischen Jahreszeiten sind u. a. eben durch geringere Temperaturdifferenzen gekennzeichnet und werden daher fälschlich noch oft verkannt. Ihre Auswirkung auf die Lebensrhythmen der tropischen Schmuckschildkröten ist jedoch nicht weniger bedeutungsvoll wie für die nördlicher lebenden Formen. Die jahreszeitlichen Einflüsse bewirken genauso die synchrone Auslösung aller rhythmischen Lebensvorgänge, vor allem des sexuellen Verhaltens.

### 4.5.2. *Das Sonnenbaden*

Das Sonnenbaden hat für die Einregulierung der optimalen Körpertemperatur im Tagesablauf der Schmuckschildkröten eine außerordentliche Bedeutung. Stellte das Unterwasser-Sonnen nur einen bescheidenen Anfang dar, so ist das Sonnen an trockenen möglichst windgeschützten Plätzen im zeitigen Frühjahr und im Herbst ein wesentlicher, sich mehrfach wiederholender Bestandteil des Tagesablaufes. Vom Erreichen der optimalen Körpertemperatur ist die geregelte Funktion des Organismus abhängig, beginnend bei der Atmung und Verdauung, über die Reaktionsbereitschaft auf störende Umwelteinflüsse oder Gefahren bis hin zu den Wachstums- und Fortpflanzungsvorgängen. So sind die Eireifung und die Spermatogenese ebenfalls streng temperaturabhängig.

Für den Wärmegewinn beim Sonnenbaden sind die Größe der Schildkröte, also ihre Masse und ihre Körperformen besonders wichtig. Die Färbung oder gar das Geschlecht des Tieres haben dafür nur eine sehr untergeordnete oder keine Bedeutung. Der Einfallswinkel des Lichtes, seine Intensität, die Lufttemperatur und die Luftbewegung erwiesen sich nach den Untersuchungen Boyers (1965) an lebenden Schildkröten sowie an Attrappen zu Vergleichsmessungen ebenfalls als einflußreiche Faktoren, die den Erfolg des Sonnenbadens mitbestimmen. Als entgegenwirkender Faktor ist die Rolle der Wassertemperatur und Strömung zum Abkühlen nicht zu unterschätzen.

Um in den günstigsten Winkel zum Lichteinfall zu gelangen, postieren sich die Schildkröten instinktiv häufig schräg, um möglichst viel Körperfläche zur Bestrahlung anzubieten. Gleichzeitig werden die Gliedmaßen und der Kopf weit ausgestreckt. Es kann sogar das Spreizen der Schwimmhäute zwischen den Zehen deutlich beobachtet werden. Nicht selten klettern Schmuckschildkröten nicht nur in Terrarien, sondern auch im Freiland an bestimmten bevorzugten Sonnenplätzen übereinander, um als oberste in den vollen Genuß der Wärmestrahlung zu geraten. Solche „lebenden Türme“ werden durch das ausweichende unterste Tier ähnlich wie beim allbekannten Kinderspiel der übereinandergelegten Hände immer wieder umgeschichtet, so daß die Vorteile des Obenaufsitzens nur für kurze Zeit in Anspruch genommen werden können.

Neben der Temperaturerhöhung kommt dem Sonnenbaden noch ein wichtiger hygienischer Zweck zu, wenngleich manche Autoren (Boyer 1965) das stärker in Abrede stellen wollen. Das periodische Abtrocknen der Körperoberfläche, verbunden mit einer z. T. erheblichen lokalen Erwärmung und einer intensiven Einwirkung ultravioletter Strahlen wirkt sich vernichtend auf zahlreiche Mikroorganismen-Kulturen aus, die sich auf den Schildkröten ansiedeln. Diese Bakterien, Pilze usw. benötigen zu ihrem Gedeihen außer dem notwendigen Nahrungssubstrat (abgestorbene Hautteile) vor allem gleichmäßige Feuchtigkeit. In den Fugen zwischen den Panzerschildern, aber auch in den häutigen Beugefalten der Extremitäten wie in den strumpfartig umgekrempelten Hautfalten des Halses herrschen für die Ansiedlung solcher winziger Mikroorganismen-Beläge günstige Bedingungen. Unter sich ablösenden Schildern (normalerweise vor der Häutung, aber auch nach Verletzungen) sind solche Herde besonders geschützt und begünstigt. Die Besiedlung mit den „normalen“, „harmlosen“ Mikroorganismen schädigt gesunde Schildkröten kaum. Bei geringen Verletzungen, aber auch bei mangelnder Möglichkeit zum Abtrocknen der Haut (ungünstige Steilufer in Kanälen u. a., aber auch bei ausschließlicher Aquarienhaltung ohne Landteil) können aber „harmlose“ und pathogene Keime bald Hautdefekte verursachen. Im Terrarium wurde von zahlreichen Autoren beobachtet, daß derartig geschädigte Sumpfschildkröten freiwillig lange Zeit außer Wasser weilten und erhöhte Bereitschaft für Sonnenbäder zeigten.

Häufig wärmen sich Schmuckschildkröten auch auf, indem sie reglos an der Wasseroberfläche verharren, bei sanfter Strömung langsam driften. Diese Form des Sonnens wird besonders von Bewohnern größerer Flüsse *(Ch. concinna, Ch. floridana)* gewählt.

Schließlich ist auch der Aufenthalt in dichten Schwimmpflanzengürteln (*Eichhornia*-Teppichen u. ä.) oder in den stark erwärmten Wasserschichten, die über submersen (untergetauchten) Wasserpflanzengesellschaften entstehen, eine günstige Kombination von Aufwärmen und Beutefang. Diese Gewässerbereiche sind zugleich bevorzugtes Mikrobiotop von Fischbrut, Amphibienlarven und massenhaft auftretenden niederen Tieren.

### 4.5.3 *Jährliches Wachstum und Häutung*

Erst dann, wenn die Wassertemperaturen des Habitats nicht mehr unter 15 °C sinken, setzt das Längenwachstum der Schmuckschildkröten ein, wie die Messungen Gibbons (1968) bei *Chrysemys picta* ergaben. Solche Verhältnisse sind für die untersuchte Population in Michigan nur in den Monaten Juni bis August gewährleistet. Während des Wachstums erfolgt auch die Häutung des Panzers. Dieser für Schmuckschildkröten charakteristische Vorgang, bei dem die äußerste Hornschicht der einzelnen Panzerschilder abgestoßen wird, findet nur einmal jährlich, meist im Juli, statt. Jungtiere häuten sich etwas früher als Erwachsene (Sexton 1965). Mehrfachhäutungen oder Dauerhäutungen gehälterter Schmuckschildkröten sind meist Anzeichen für gestörte Lebensrhythmen.

### 4.5.4. *Der sexuelle Rhythmus*

Während das Einsetzen der sexuellen Aktivität, also die Suche nach den Partnerinnen und das Balzverhalten an den Beginn der allgemeinen Aktivitätsperiode im Frühjahr gekoppelt ist, vollzieht sich die Bildung der Geschlechtsprodukte im Zusammenhang mit den physiologischen Höchstleistungen des Körpers, die ihrerseits an die optimalen Temperaturverhältnisse gebunden sind. Gibbons (1968) stellte bei *Chrysemys picta* fest, daß die Spermatogenese in die Monate Juli bis Oktober fällt. Mit der Spermatogenese geht eine deutlich sichtbare Schwellung der Hoden einher. Klingt die Aktivität der Keimdrüsen ab, was im November der Fall ist, reduziert sich ihre Größe wieder erheblich. Dieser Ruhezustand hält bis zum Mai des folgenden Jahres an. Das gebildete Sperma wird im Nebenhoden gespeichert und kommt im Frühling (März–April) für die erfolgreiche Verpaarung zum Einsatz.

Bei den Weibchen läuft die Bildung der Geschlechtsprodukte etwas anders ab. Die Ovarialfollikel beginnen erst im September zu wachsen, wenn die Tiere im besten Ernährungszustand sind. Im März haben die größten Follikel trotz der dazwischenliegenden Winterruhe etwa 16 mm Durchmesser erreicht. Jetzt erfolgt die Befruchtung. Sie wachsen danach bis zur Ovulation noch weitere 2 mm.

Im Mai erfolgt die Eiablage, der nach 14 bis 21 Tagen eine zweite Eiablage folgen kann (Gibbons 1968, Christiansen u. Moll 1973). Bei Weibchen einer Population von *Chrysemys picta* in Louisiana konnte Moll 1973 sogar 5 oder 6 Ovulationen beobachten. Aus diesen Befunden ergibt sich eindeutig die Abhängigkeit der quantitativen Reproduktionsleistung einer Schmuckschildkröten-Population von den klimatischen Verhältnissen ihres Habitats.

Es ist aber nicht auszuschließen, daß außerdem artspezifische, genetisch fixierte Faktoren die Reproduktionsrate bestimmen. Damit sind z. T. auch die geringe Populationsstärke und die fehlende Ausbreitungstendenz einiger Schmuckschildkröten-Formen in sehr kleinen Arealen mit erklärbar, währenddessen andere Formen ihr Areal beständig erweitern. Eine hohe Reproduktionsrate und der daraus erwachsende Populationsdruck hat zweifellos Bedeutung für die Beziehungen zwischen nahe verwandten Schmuckschildkröten (siehe S. 65) und für das Verhältnis zu anderen Wasserschildkröten (siehe S. 69 ff.).

## 4.6. Das Sexualverhalten der Schmuckschildkröten

### 4.6.1. *Das Erkennen der Partner*

Die sexuellen Aktivitäten der Schmuckschildkröten beginnen im Frühling sofort nach Ende der Winterstarre. Wahrscheinlich sind die Männchen etwas früher aktiv als die Weibchen. Zumindest sind die auf der Suche nach Partnerinnen befindlichen ♂ weit häufiger zu beobachten als die ♀. Bei der Partnersuche unternehmen die Schmuckschildkröten-♂ mitunter größere Wanderungen, wobei nicht nur die Grenzen des individuellen Reviers, sondern auch die der Population überschritten werden können. Die Partnersuche im Frühling spielt für die Arealausdehnung der Schmuckschildkröten-Populationen offenbar eine wichtige Rolle.

Begegnen sich Schmuckschildkröten, so wird olfaktorischer (geruchlicher) Kontakt miteinander aufgenommen. Dieses „Beriechen“ hat den Charakter einer „Begrüßung“. Für das Erkennen der Artzugehörigkeit und des Geschlechts spielt der Geruch die entscheidende Rolle. Während der Fortpflanzungszeit übt der Sexualgeruch dabei den dominanten Reiz aus. Das kann zu Fremdverpaarungen führen, wenn nicht andere Isolationsmechanismen (unterschiedliche Balz) wirksam werden.

### 4.6.2 *Das Balzverhalten*

Sofort nach dem Erkennen der Partnerin eröffnet das ♂ das Balz- oder Liebesspiel. Das Balzverhalten der Schmuckschildkröten ist seit seiner ersten exakten Untersuchung durch Cagle (1944) immer wieder reizvoller Beobachtungsgegenstand für alle Schmuckschildkröten-Liebhaber. Im großen und ganzen recht ähnlich innerhalb der gesamten Gattung, gibt es aber doch zwei unterschiedliche Ausprägungen des Balzverhaltens. Sie spielen als ethologische Barriere zwischen den betreffenden Arten eine wesentliche Rolle.

Der erste Typ des Balzverhaltens tritt bei den Angehörigen der Untergattungen *Trachemys* und *Chrysemys* (s. S. 8) auf. Er betrifft folglich die Arten *Chrysemys scripta, Chrysemys terrapen* und *Chrysemys picta.* Es muß allerdings einschränkend bemerkt werden, daß einige Unterarten von *Chrysemys scripta* vom arttypischen Balzverhalten leicht abweichen.

Die Balz beginnt, indem das Männchen das ruhig abwartende, am Boden des Gewässers sitzende Weibchen von vorn anschwimmt. Hat es sich mit seinem Kopf bis auf wenige Zentimeter dem des Weibchens genähert, so verharrt es. Dabei bleibt sein Kopf dem Weibchen zugewandt, während sich der Körper in einem stumpfen Winkel schräg nach oben abhebt. Das Männchen „schwebt“ gleichsam vor dem Weibchen. In dieser Haltung streckt es seine Vordergliedmaßen nach vorn aus und versucht, mit den verlängerten Krallen den Kopf des Weibchens beiderseitig zu berühren. Die streichelnden

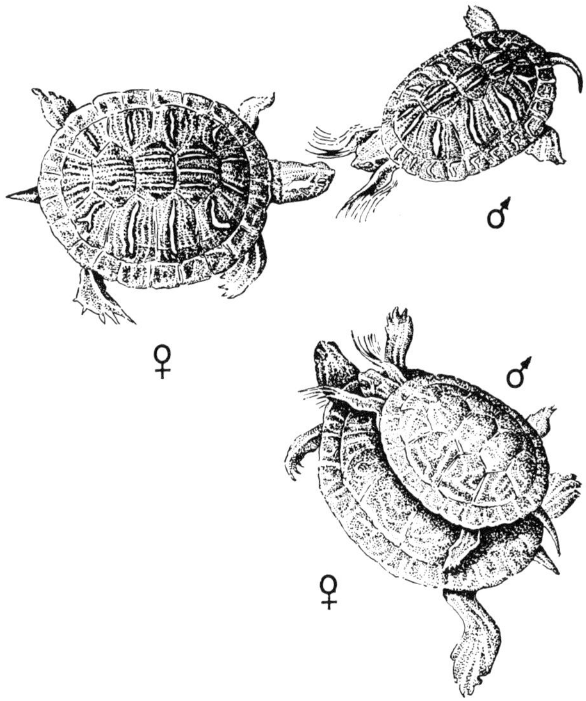


Abb. 47. Balzverhalten der Schmuckschildkröten. Nach Fred R. C a g l e , modifiziert. Oben Balzen der Angehörigen der Untergattung *Trachemys,* dargestellt am Beispiel von *Chrysemys scripta elegans,* unten Balzverhalten der Untergattung *Pseudemys,* dargestellt am Beispiel von *Chrysemys f. floridana*

beklopfenden Berührungen mit den Krallen werden durch ein Vibrieren der Hände verursacht. Es kommt auch vor, daß das Männchen mit den Vibrationsbewegungen beginnt, wenn es noch etwas zu weit vom Weibchen entfernt ist. Dann können sich die Krallen des Männchens vor dem eigenen Kopf berühren.

Das Liebesspiel stellt für das Weibchen einen Schlüsselreiz dar. Ist es paarungsbereit, gestattet es nunmehr dem Männchen das Aufreiten und die Kopulation. Während der Kopula verankert sich das Männchen vor allem mit seinem verhältnismäßig großen Penis erfolgreich im Weibchen. Die typische konkave Eindellung des Bauchpanzers ist bei Schmuckschildkröten nur minimal ausgebildet und wird kaum wirksam. Ebenso ist das Festhalten mit den Krallen am Panzerrand des Weibchens nahezu völlig unmöglich.

Der zweite Typ des Balzverhaltens tritt bei den Angehörigen der Untergattung *Pseudemys* auf. Er betrifft also die Arten *Chrysemys concinna, Ch. floridana* und *Ch. rubriventris.*

Hier verfolgen die Männchen die Weibchen, indem sie über ihnen schwimmen. Schwimmt das Weibchen langsamer oder verharrt es, so „beklopft" oder „streichelt" das über ihm befindliche Männchen seine Kopfseiten mit den Krallen. Ist das Weibchen paarungswillig, hält es nun völlig inne und gestattet das Kopulieren.

Es ist gut vorstellbar, daß die Unterschiede im Balzverhalten relativ zuverlässig als Isolationsmechanismen zwischen *Trachemys/Chrysemys*-Arten und *Pseudemys*-Arten wirken. Die bereits erwähnte Modifikation des Paarungsverhaltens bei einigen Unterarten von *Chrysemys (Trachemys) scripta* in Mittelamerika besteht im wesentlichen im Abbau des Balzspiels. Dieser „Vereinfachung" kommt ebenfalls Bedeutung als neuer Isolationsmechanismus zu, der die Vermischung der Unterarten in sekundären Zusammentreffen ihrer Areale zumindest bremst, wenn nicht gar verhindert. Daß die durch das veränderte Verhalten verursachte Blockade bei den einzelnen Unterarten und verschiedenen Geschlechtern unterschiedlich stark wirksam wird, wurde am Beispiel des Zusammentreffens von *Chrysemys scripta taylori* mit *Chrysemys scripta elegans* in Mexiko erörtert (vgl. S. 25).

### 4.6.3. *Die Eiablage*

Legereife Weibchen der Schmuckschildkröten suchen sich geeignete Eiablageplätze. Dabei werden mitunter Wanderungen bis zu einem Kilometer zurückgelegt. Besonders begünstigte Eiablage-Habitate sind häufig der Vergesellschaftungsort zahlreicher legereifer Weibchen nicht nur einundderselben Art, sondern auch weiterer Schmuckschildkröten-Arten oder gar Sumpfschildkröten anderer Gattungen. So sind besonders *Chrysemys concinna, Ch. floridana* und *Ch. rubriventris* – jeweils vertreten durch ihre geographischen Unterarten – häufig an gemeinsamen Nistplätzen anzutreffen. Nicht selten ist auch noch *Deirochelys reticularia* in dieser Gesellschaft vertreten.

Der Legevorgang findet meist in den Abendstunden kurz vor der Dämmerung, mitunter aber auch erst im Dunklen statt. Das Weibchen sucht eine geeignete Stelle zum Ausheben der Nistgrube. Dort scharrt es mit den hinteren Gliedmaßen eine etwa 10–20 cm tiefe Legegrube. Setzt der Boden ersten Grabeversuchen großen Widerstand entgegen, vielleicht weil er zu steinig ist, so gibt das Weibchen rasch auf und sucht einen geeigneteren Platz. Ist der Boden zwar grabbar, aber durch große Trockenheit etwas fest, erleichtert die instinktive Entleerung großer Mengen Wasser am Legeplatz wesentlich die Anlage der Eigrube.

Je nach Bodenbeschaffenheit ist die Eigrube nach 25–180 min fertiggestellt. Anschließend erfolgt nach einer kurzen Ruhepause die Eiablage. Das austretende Ei wird durch die angelegten Hinterextremitäten abgefangen, so daß es sanft in die Nestgrube gleitet. Durch Scharrbewegungen ohne Sichtkontrolle werden die bereits gelegten Eier an die Seitenwände der Nistgrube verteilt, damit die folgenden Eier ungehindert zu Boden gleiten können. Der Legevorgang vollzieht sich auch bei größeren Eizahlen wesentlich rascher und kontinuierlicher als das Graben der Eigrube. In der Regel sind auch große Gelege von 20 Eiern innerhalb einer Stunde oder schneller abgesetzt.

Nach der Eiablage scharrt die Schildkröte vor allem mit den hinteren Gliedmaßen die Grube wieder zu. Durch schiebende planierende Bewegungen mit dem ganzen Körper wird der Boden perfekt geglättet, und durch erneutes Kratzen in der unmittelbaren Umgebung geraten Grashalme, Steinchen u. ä. auf die verschlossene Nistgrube. Dadurch wird eine Tarnung des Eiablageplatzes erreicht. Es fällt oft bereits schwer, am darauffolgenden Tag die frisch angelegten Gelegegruben nur durch Sichtkontrolle wiederzufinden! Die Prüfung der Bodenfestigkeit führt rasch zum Erfolg.

### 4.6.4. *Die Eier*

Die Eier der Schmuckschildkröte haben eine länglichovale Form. Ihre Schale ist flexibel, allerdings bei weitem nicht so pergamentdünn, wie es bei Schlangen- oder

Tabelle 4. Die Gelege der Schmuckschildkröten

| Art | Gelege im Jahr | Eizahl Ø | Eimaße in mm | Eigewicht in g |
|---|---|---|---|---|
| *Ch. picta* | 4–5 | 6,5 (2–20) | 19 × 32 | 6–7 |
| *Ch. scripta* | 5–6 | 7–10 (2–19) | 22 × 36 | 11 |
| *Ch. concinna* | ? | 17–19 | 27 × 43 | 16–19 |
| *Ch. floridana* | mehrere | 20 (19–29) | 25 × 36 | 11–12 |
| *Ch. rubriventris* | mehrere | 10–12 bis 35 | 19 × 35 19 × 47 | ? |

vielen Echseneiern der Fall ist. Die Oberfläche des Eies wird von einer feinen granulären Struktur bedeckt, deren Körnung individuellen Schwankungen unterworfen zu sein scheint. Die Farbe frischgelegter Eier ist stets weiß. Später verfärben sich die Eier ins Cremegelbe. Unter besonderen Umständen, z. B. in stark färbendem Substrat, können sie sogar bräunliche Töne annehmen.

Die Eigröße innerhalb eines Geleges ist verhältnismäßig einheitlich. An sich aber korreliert die Durchschnittsgröße eines Eies mit der Durchschnittsgröße der betreffenden Schmuckschildkröten-Art. Somit hat *Chrysemys picta* die kleinsten, *Chrysemys concinna* die größten Eier.

Die Größe des Weibchens wirkt sich nach Beobachtungen zahlreicher Autoren offensichtlich nicht auf die Eigröße aus, sondern bestimmt lediglich die individuelle Eizahl des Geleges. Die kleinsten jüngsten Weibchen einer Population erzeugen also auch die kleineren Gelege.

Das Gewicht eines Eies hängt direkt von seiner Größe ab. Infolge der Permeabilität der Eihaut kann sich bei den Schmuckschildkröten-Eiern durch Wasseraufnahme oder -verlust das Gewicht verändern.

Einige Daten von Schmuckschildkröten-Gelegen gibt Tabelle 4 wider. Die Durchschnittswerte der Maße, Gewichte und Gelegegrößen wurden jedoch von sehr unterschiedlich großen Stichproben ermittelt, so daß die Werte nur bedingt vergleichbar sind. Außerdem ist die populationsabhängige Schwankung der Werte nicht mit erfaßt. Artspezifische Größe und Gestalt der Eier sind jedoch eindeutig ablesbar.

### 4.6.5. *Die Inkubation*

Die Inkubationszeit der Eier ist in hohem Maße von der Inkubationstemperatur abhängig. Tabelle 5 verdeutlicht diese Beziehungen. Unter konstanten Inkubationstemperaturen im Brutschrank kann die Korrelation zwischen Temperatur und Zeit exakt geklärt werden, während Freilanduntersuchungen das kaum gestatten. Die absoluten Werte der Inkubationszeiten differieren bei den verschiedenen Schmuckschildkröten-Arten verhältnismäßig wenig.

Freilandzeitigung der Eier unter natürlichen Bedingungen dauert infolge der wechselhaften Witterungseinflüsse oft wesentlich länger als die künstliche Inkubation. Nicht nur

Tabelle 5. Inkubationszeiten der Schmuckschildkröten-Eier in Tagen, Temperaturen in °C

| Art | im Inkubator | | | | |
|---|---|---|---|---|---|
| | bis 25° | 22–22,5° | 25–30° | 29,5–30° | über 30° |
| *Ch. picta* | 95 (21–23°) | 66–74 | 62 (27°) | 48–56 | 49 (30–32°) |
| *Ch. scripta* | 112 (22–25°) | 93–101 | 69 (27,4°) | 59–69 | – |
| *Ch. concinna* | 114 (22–25°) | 93 | – | 65 | – |
| *Ch. floridana* | – | 102 | – | 49–68 | – |
| *Ch. rubriventris* | – | 75 | – | – | – |
| *Ch. terrapen* | – | – | – | 69–70 | – |
| | unter natürlichen Bedingungen | | | | |
| | Gebiet | | | Tage | |
| *Ch. picta* | NW-Minnesota | | | 72– 99 | |
| | Mittl. Minnsota | | | 75– 98 | |
| | SO-Wisconsin | | | 60– 65 | |
| | SO-Pennsylvanien | | | 72– 80 | |
| | N-Pennsylvanien | | | 65– 80 | |
| *Ch. scripta* | Mississippi | | | 45–130 | |
| | Tobasco, Mexiko | | | 60 | |
| | Panama | | | 73– 94 | |
| *Ch. concinna* | | | | 84– 92 | |
| *Ch. floridana* | Florida | | | 122–150 | |
| | Florida | | | 80–150 | |

die geographische Lage des Habitats, sondern auch seine mikroklimatischen Besonderheiten beeinflussen die Inkubationszeit erheblich. Außerdem ist zu berücksichtigen, daß die veränderliche Großwetterlage besonders im gemäßigten Klima Nordamerikas zu Verschiebungen der Inkubationszeiten in den einzelnen Jahren führen kann.

Ernst u. Barbour (1972) nehmen an, daß bei nördlichen Populationen von Schmuckschildkröten (zumindest bei *Chrysemys concinna*) eine Überwinterung der Jungtiere im Ei oder der Nistgrube erfolgt. In ungünstigen Jahren oder in Habitaten, die an der Grenze der Existenzmöglichkeiten für die betreffende Art liegen, kann das ein erfolgreicher Weg sein.

In den letzten Jahren wurde die direkt Abhängigkeit der Geschlechtsfestlegung bei Reptilienembryonen von der Inkubationstemperatur festgestellt. Dieses erstaunliche Phänomen ist offenbar bei Reptilien weit verbreitet und hat eine große Bedeutung für die Biologie sowie die Entwicklungs- und Ausbreitungsgeschichte dieser Tiergruppe. Bull (1980) und andere Autoren konnten nachweisen, daß diese Erscheinung auch für Schildkröten und insbesondere auch für Schmuckschildkröten zutrifft (Bull u. Vogt, 1981).

Als gesichert konnten sie beobachten, daß innerhalb der artspezifischen Toleranzbreite der Inkubationstemperatur die niederen Bereiche das männliche Geschlecht, die oberen Bereiche das weibliche Geschlecht begünstigen. Bei *Chrysemys picta* ergaben Inkubationstemperaturen von + 25 °C männliche Jungtiere, während + 31 °C als Inkubationstemperatur Weibchen hervorbrachten. Ähnlich lagen die Ergebnisse auch bei *Chrysemys scripta* sowie anderen, weiter entfernt verwandten Schildkröten. Die Sicherheit der Temperaturauswirkung auf die Festlegung des Geschlechts war bei den Embryonen von Schildkröten der Familie Emydidae, also auch von Schmuckschildkröten, im Bereiche der niederen, männcheninduzierenden Temperaturen weit zuverlässiger als im höheren, weibcheninduzierenden Temperaturbereich. Yntema (1976) konnte bei der zur Familie Chelydridae gehörigen Schnappschildkröte (*Chelydra serpentina*) gerade die umgekehrte Zuverlässigkeitsquote desselben Einflusses feststellen. Bull u. Vogt (1981) sehen darin möglicherweise familiencharakteristische Besonderheiten.

Die experimentellen Inkubationen unter streng gesteuerten Temperaturen erbrachten auch den Nachweis, das das mittlere Drittel der Gesamtinkubationszeit ausschlaggebend für die temperaturabhängige Geschlechtsfestlegung ist. Im ersten Drittel der Inkubationszeit sind die Auswirkung der Temperatur gering, im letzten Drittel haben sie keinen Einfluß mehr als das inzwischen festgelegte Geschlecht des Embryos.

Es liegt auf der Hand, daß von dieser Erscheinung starke Einflüsse auf die Populationsstrukturen ausgehen müssen. Klimaschwankungen können so langzeitlich wahrscheinlich vor allem über die Veränderung der Populationsstrukturen und der Herabsetzung des Fortpflanzungspotentials die Verbreitung der Schildkröten beeinflussen. Die Tiere entwickeln andererseits Verhaltensweisen, z. B. die Weibchen bei der Wahl der Nistplätze, die diese populationsschädigenden Einflüsse z. T. kompensieren können. Gerade die am Nistplatz herrschenden mikroklimatischen Faktoren können in stärkerem Kontrast zum Großraumklima und zur speziellen Großwetterlage des betreffenden Gebiets stehen. Daraus ergeben sich ökologische Beziehungen, die in ihren Einzelheiten noch nicht restlos aufgeklärt sind und sicher eine Reihe neuer interessanter Aspekte erwarten lassen (Bull, Vogt u. McCoy 1981, Vogt u. Bull 1982). Ebenso ist klar, daß die Erforschung dieser Zusammenhänge außerordentliche Bedeutung für die planmäßige und geschlechtsgesteuerte Schildkrötenzucht hat.

### 4.6.6. *Der Schlupf*

Der Schlupf aus dem Ei vollzieht sich in einem längeren Zeitraum. Er kann 10–48 h (nach Laborbeobachtungen) dauern. Inwiefern die erste Öffnung der Eischale mittels der auf dem Oberschnabel aufsitzenden Eischwiele des Schlüpflings oder nur durch Kratzbewegung seiner vorderen Gliedmaßen erfolgt, ist aufgrund unterschiedlicher Beobachtungen noch immer umstritten.

Unmittelbar nach dem vollständigen Verlassen des Eies formt sich der Panzer des Schlüpflings in Länge und Breite aus, so daß die Panzergestalt nicht mehr mit der Eiform übereinstimmt. Schlüpflinge der Schmuckschildkröten haben eine annähernd kreisförmige Panzerform.

Das Gewicht der Schlüpflinge macht 65–80 % des Eigewichts aus. Folgende Maße und Gewichte von Schlüpflingen konnten ermittelt werden (nach verschiedenen Autoren):

| | Carapaxlänge in mm | Absolutes Gewicht in g | Gewicht in % des Eigewichtes |
|---|---|---|---|
| *Ch. picta* | 26,7 | 4,5 | 76 |
| *Ch. scripta* | 32 | 8,4 | 78 |
| *Ch. concinna* | 36 | 12,3 | 70 |
| *Ch. floridana* | 35,8 | 9 | 77 |
| *Ch. rubriventris* | – | 7,7–8,9 | 65–77 |

Das Ausgraben aus der Eigrube ist die nächste außerordentlich anstrengende Leistung der jungen Schmuckschildkröten nach vollzogenem, nicht minder strapaziösem Schlupf. Die schwächsten Individuen werden durch diese beiden ersten Leistungszwänge ihres Daseins bereits selektiert. Die Schlüpflinge sind sich beim Ausgraben aus der Eigrube genauso wie beim Schlupf völlig selbst überlassen.

Hodson u. Pearson (1943) machten eine allerdings einmalige Gefangenschaftsbeobachtung, nach der ein Weibchen der Antillen-Schmuckschildkröte *Chrysemys terrapen malonei* ihre Jungen beim Verlassen der Eigrube durch Aufscharren des harten Bodens unterstützte. Diese Beobachtung wurde bisher nicht durch andere Forscher bestätigt. Es bleibt daher offen, ob es sich um einen Einzelfall der Kombination besonderer Umstände oder um einen regulären, bislang noch nicht registrierten Teil des Verhaltensinventars von *Chrysemys terrapen* handelt. Leider sind die Antillen-Schmuckschildkröten in jeglicher Hinsicht noch immer die am schlechtesten erforschten Schmuckschildkröten.

Nach dem Verlassen der Eigrube suchen die Schlüpflinge sofort das Wasser auf. Dabei sind mitunter 200–300 m oder mehr zurückzulegen. Die Ortung des Gewässers erfolgt wahrscheinlich olfaktorisch. In der Wahl ihrer ersten Habitate bevorzugen die Schlüpflinge deutlich kleinere Gewässer von geringer Tiefe (vgl. S. 68). Erst neuerdings wurden die Möglichkeiten der Überwinterung in der Nistgrube exakt untersucht. Breitenbach, Congdon und van Loben Sels (1984) studierten die Verhältnisse der Nestlingsüberwinterung von *Chrysemys picta* im Südosten Michigans. Im Zeitraum von 1977 bis 1981 wurden insgesamt 43 Nestgruben mit überwinternden Schlüpflingen beobachtet. Dabei konnte u. a. festgestellt werden, daß die Schlüpflinge aufrecht verharrend in den Nestgruben anzutreffen sind (Abb. 48). Die niedrigsten Temperaturen im Nest lagen in der Regel bei – 2,0 °C, im Extremfall sogar bei – 3,3 °C. Die Temperatur in der Nestgrube wich nicht von der Bodentemperatur in der Umgebung ab. Vergleichsmessungen wurden in etwa 1 m Abstand von den Eigruben durchgeführt. Es konnte also keine Wärmeproduktion durch Stoffwechselvorgänge bei den Schlüpflingen bemerkt werden.

Im Untersuchungszeitraum ergab sich, daß in schneereichen Wintern die Chancen für eine Überwinterung der Schlüpflinge in der Nestgrube am höchsten lagen. Selbst nächtliche Minima von – 20 °C Lufttemperatur im Februar wurden bei entsprechend hoher Schneedecke schadlos überstanden. Schneearme Kahlfrost-Winter hingegen verursachten Todesquoten von 27 bis 80 % unter den überwinternden Schlüpflingen. Die Schneedecke ist also der wichtigste Isolator gegen den Kältetod.

Eine weitere wichtige Voraussetzung scheint der rechtzeitige Schlupf der Jungtiere im Oktober zu sein, damit es bereits kühl genug ist, um die Jungtiere am Verlassen

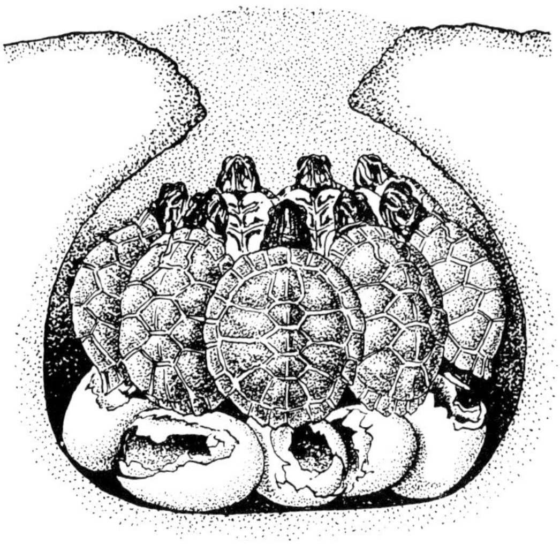

Abb. 48. Überwinternde Schlüpflinge der Zierschildkröte, *Chrysemys picta*, in der Nestgrube. Zu beachten ist die aufrechte Haltung. Nach Breitenbach, Congdon u. van Loben Sels

der Nistgrube zu hindern, aber noch genügend Zeit verbleibt, um sich an das Leben außerhalb des Eies zu gewöhnen, ehe die Kältestarre einsetzt. Die Autoren fassen die physiologische Anpassung der Schlüpflinge an die genannten Unterkühlungstemperaturen im Nest als wichtigste artspezifische Voraussetzung für den Erfolg dieser Überwinterungsstrategie der Schlüpflinge auf.

## 4.7. Die Nahrung der Schmuckschildkröten

Schmuckschildkröten verändern im Verlauf des Lebens ihre Ernährungsgewohnheiten. In der Jugend, von der Zeit nach dem Schlupf bis etwa zum zweiten Sommer, ernähren sich die Schmuckschildkröten nahezu ausschließlich carnivor. Als Beutetiere kommen Gliederfüßer unterschiedlichster Art, Würmer, Schnecken und Amphibienlarven in Betracht. Eine besondere Rolle spielen im Beutespektrum die Kleinkrebse („Wasserflöhe", Bachflohkrebse, in brackigen Habitaten auch Salinenkrebse), die nicht nur eine der wichtigsten Kalkquellen für den Skelettaufbau sind, sondern auch als Lieferanten essentieller Farbstoffe (roter und gelber) für das farbige Kleid der jungen Schildkröten sehr wichtig sind. Als weitere wichtige Kalkquellen dienen den Schmuckschildkröten neben den Kerbtieren vor allem die Gehäuseschnecken.

Schmuckschildkröten sind wie fast alle Sumpfschildkröten Nutzer von saisonabhängigen Nahrungsangeboten in ihren Habitaten. Die Massenentwicklung zahlreicher niederer Tiere unterliegt dem jahreszeitlichen Rhythmus, sie wiederholt sich alljährlich etwa zur gleichen Zeit. Ebenso vollzieht sich die Entwicklung der Pflanzen, die als Nahrungsbestandteil vieler Schmuckschildkröten in Frage kommen, stets in Abhängigkeit von den jahreszeitlichen Einflüssen. Die starke Bevorzugung solcher saisongebundenen Nahrungsangebote steht in engem Zusammenhang mit der Prägung der Schmuckschildkröten auf ihre Nahrung. Eine besondere Rolle spielen diejenigen Nahrungsmittel, die als erste den Schlüpflingen zur Verfügung stehen.

Mahmoud u. Lavenda (1969) untersuchten die Prägung (Festlegung) von Schlüpflingen der *Chrysemys scripta elegans* auf eine bestimmte Ernährungsform. Die Rotwangen-Schmuckschildkröten wurden in ihren ersten 30 Lebenstagen ausschließlich mit einem Gemisch aus Mehlwürmern, Rindfleischstreifen und Fischstückchen gefüttert. Sie bevorzugten dieses Nahrungsmittel auch noch, als ihnen anschließend eine sehr reichhaltige Nahrungspalette angeboten wurde, in der die ursprüngliche Nahrung prozentual nur noch einen kleinen Anteil ausmachte. Erst nach etwa 14 Tagen nahmen sie in ausgewogenen Anteilen alle gereichten Futtermittel an.

In der Natur prägen diejenigen Futtertiere oder -pflanzen, die gerade den quantitativen Höhepunkt ihrer Entwicklung erreicht haben, ihre Freßfeinde, die Schmuckschildkröten, selbst auf sich, indem sie sich gewissermaßen „vordergründig anbieten". Genauso erlischt mit dem Ende der saisongebundenen Massenentwicklung diese Prägung der Schildkröten. Trotz des Umstandes, daß eine Schmuckschildkröten-Population also stets von der am reichlichsten vorhandenen Nahrung lebt, gibt es aber stets bestimmte Individuen einer solchen Population, die unterschiedlich stark von der Gruppenprägung abweichen.

Auf die Beziehungen zwischen dem Habitat mit seinem Nahrungsangebot einerseits und der Schildkrötenpopulation andererseits unter allgemeingültigen wie extremen Bedingungen wurde bereits auf S. 48 hingewiesen. Ein interessantes Beispiel saisonabhängiger spezieller Ernährung gibt Pritchard (1979) von der endemischen Antillen-Schmuckschildkröte von Cat Island (Bahamas), *Chrysemys terrapen felis.* Die Tiere ernähren sich dort mitunter vorwiegend von den wohlschmeckenden Früchten der Schuppen-Annone *(Annona squamosa),* die als „Custard-apples" auch als köstliche Spezialität für den menschlichen Gaumen gelten. *Chrysemys terrapen* scheint auf den kleineren Inseln ihres Areals besonders auf Saisonnahrung angewiesen zu sein.

Erwachsene Schildkröten leben fast immer omnivor, nur selten sind sie ganz streng spezialisiert. Mit zunehmendem Lebensalter nimmt bei allen Schmuckschildkröten neben dem animalischen ein vegetabilischer Nahrungsanteil einen größeren Platz ein. Als Nahrungspflanzen kommen zahlreiche Wasser- und Sumpfpflanzen in Betracht, die entweder ganz oder in bestimmten Teilen (Schößlinge, Knospen und Blüten, junge Blätter usw.) verzehrt werden. Nach der Ernährungsform lassen sich die erwachsenen Schmuckschildkröten in zwei Gruppen gliedern, die mit der Untergattungseinteilung weitgehend konform gehen.

Die Angehörigen der Untergattungen *Trachemys* und *Chrysemys* sind omnivor mit einem überwiegenden animalischen Nahrungsanteil. Die Angehörigen der Untergattung *Pseudemys* hingegen sind omnivor mit einem sehr großen vegetabilischen Hauptanteil ihrer Nahrung. Einzelne erwachsene Individuen von *Chrysemys concinna* und *Chrysemys floridana* können strenge „Vegetarier" werden, während in der Regel auch von diesen Arten immer noch ein gewisser saisonabhängig schwankender animalischer Nahrungsanteil verzehrt wird. Die Bezeichnung der beiden Gruppen als carnivor und herbiphor entspricht also nicht den tatsächlichen Verhältnissen, sondern stellt sie zu grob vereinfacht dar.

Über die Methoden der Nahrungssuche und Nahrungsaufnahme bei Schmuckschildkröten liegen unterschiedliche Beobachtungen vor. Wie bereits aus den Ergebnissen von

Tabelle 6. Mageninhalt von 56 adulten *Chrysemys picta* aus Pennsylvania. Nach Ernst u. Barbour 1972

| Futter | %-Anteil am Magenvolumen | % des Vorkommens |
|---|---|---|
| Tiere | 61,2 | 64,3 |
| Planarien | 4,1 | 1,8 |
| Nacktschnecken | 4,5 | 5,0 |
| Gehäuseschnecken | 12,1 | 28,6 |
| Amphipoden | 3,0 | 7,1 |
| Krebstiere | 7,5 | 7,1 |
| Insekten | 11,5 | 32,1 |
| (Dipteren) | 6,2 | 28,6 |
| (Odonaten) | 3,0 | 18,0 |
| (Coleopteren) | 1,6 | 18,0 |
| (Colembolen) | 0,5 | 3,6 |
| Fische (Lepomis) | 13,0 | 5,0 |
| Unbestimmbares | 5,2 | 8,9 |
| Pflanzen | 38,8 | 100 |
| Algen *(Cladophora, Spirogyra)* | 14,7 | 100 |
| Gefäßpflanzen | 24,1 | 39,3 |
| *Typha*-Samen | 10,1 | 25 |
| *Typha*-Triebe | 12,8 | 21,4 |
| *Lemna* | 0,3 | 5,0 |
| Unbestimmbares | 0,8 | 50,0 |

Tabelle 7. Mageninhalt von 10 adulten *Chrysemys concinna suwanniensis*. Nach Marchand 1942

| Futter | %-Anteil am Magenvolumen |
|---|---|
| Pflanzen | |
| *Naias* | 82,3 |
| *Lemna* | 7,2 |
| *Ceratophyllum* | 5,5 |
| *Sagittaria* | 2,5 |
| Fadenalgen | 2,5 |

Fallenfang-Versuchen mit Ködern (siehe S. 67) ersichtlich wurde, haben selbst die Geschlechter einundderselben Art etwas unterschiedliche Beuteerwerbs- und Ernährungsgewohnheiten. Während die vegetabilischen Nahrungsanteile nahezu ausschließlich am Tag abgeweidet werden, erfolgt die Suche animalischer Nahrung auch in der Nacht (besonders Würmer, Schnecken, Krebse und Amphibien) bzw. in der Dämmerung. Für das Auffinden der Nahrung ist neben dem Gesichtssinn vor allem wieder das sehr stark entwickelte olfaktorische Leistungsvermögen der Schildkröten von besonderer Bedeutung. Es ist daher auch nicht verwunderlich, daß Aas aller Art, besonders aber tote Fische, zum Nahrungsspektrum der Schmuckschildkröten gehört.

S e x t o n (1959) beobachtete, wie *Chrysemys picta* Beutetiere aufspürt. Büschel dichter Wasserpflanzen, die von zahlreichen Kleintieren des Wassers bewohnt werden, werden von den Schildkröten inspiziert, indem die Tiere mit dem Kopf in die Pflanzenbüschel eindringen und mit den Vordergliedmaßen nachhelfen. Erspähte Beutetiere werden dann gezielt geschnappt. B e l k i n u. G a n s (1968) beobachteten wiederholt Schmuckschildkröten, die mit geöffnetem Maul flottierende Nahrung fischten. Dabei schwimmen die Schildkröten langsam durch die von der Nahrung gebildeten Ansammlungen. So können erfolgreich große Mengen von Kleinkrebsen („Wasserflöhen") und Mückenlarven, aber auch vereinzelte Wasserlinsen *(Lemna)* an der Wasseroberfläche „gefischt" werden.

## 4.8. P a r a s i t e n

Schmuckschildkröten weisen wie alle Sumpfschildkröten zahlreiche mehr oder minder schädigende Parasiten auf. Außerdem haben sie eine reiche Darmflora von Mikroorganismen, die den Tieren in der Regel aber nicht schadet, sondern für den normalen Verlauf der Verdauung erforderlich ist. Aber auch in anderen Organen der Schildkröten, z. B. im Blut, können Mikroorganismen vorkommen.

Wie alle Lebensvorgänge, so ist auch die Parasitierung der Schmuckschildkröten von den Jahreszeiten abhängig. E s c h u. G i b b o n s (1967) untersuchten 114 Angehörige einer Population von *Chrysemys picta marginata* in Michigan. Sie konnten bei diesen Tieren 14 verschiedene Arten von Nematoden (Fadenwürmer) und Trematoden (Saugwürmer) als Innenparasiten feststellen. In den warmen Monaten war die Rate parasitenverseuchter Schildkröten deutlich höher als in der kälteren Jahreszeit. Ähnlich sah es mit der Befallsintensität aus. Außerdem war festzustellen, daß ältere Exemplare der Schmuckschildkröten häufiger parasitenfrei waren als Jungtiere. Die Autoren räumen daher die Möglichkeit ein, daß sich bei den älteren Tieren eine Immunisierung gegen die Parasiten entwickelt haben könnte.

G o o d c h i l d u. D e n n i s (1967) untersuchten den Befall von *Chrysemys picta belli* mit dem Trematoden *Spirorchis* spec. im Experiment. 15 von 20 Tieren wurden dabei erfolgreich parasitiert, der Rest blieb parasitenfrei. Bei 14 verseuchten Exemplaren wurden nicht nur die Würmer, sondern auch deren Eier in verschiedenen inneren Organen der Schildkröten gefunden. Die meisten Eier fanden sich in den Lungen, der Milz und im Magen. Durch körpereigene zelluläre Abwehrmechanismen der Schildkröten wird allerdings ein großer Teil der Wurmeier im Gewebe zerstört oder zumindest geschädigt. Besonders erfolgreich war diese Abwehr gegen die Eier im Gehirn, dem Herzen, der Leber sowie auch in den Lungen, der Milz und im Magen. Hingegen fanden sich die meisten *Spirorchis*-Eier in der Speiseröhre, im Dünndarm und der Bauchspeicheldrüse ungeschädigt. Die Autoren konnten außerdem die Temperaturabhängigkeit sowohl der Entwicklung der Würmer als auch ihrer Eiausscheidung nachweisen. Diese Befunde stimmen gut mit den Ergebnissen von E s c h u. G i b b o n s überein.

J o n e s, M o u n t s u. W o l c o t t (1945) machten auf die Verseuchung von Schmuckschildkröten mit Leberegeln aufmerksam. Diese Innenparasiten gehören ebenfalls zu den Saugwürmern (Trematoden). Sie zeichnen sich durch eine komplizierte Entwicklung mit Generations- und Wirtswechsel aus. Die geschlechtsreifen Leberegel hausen in der Leber, d. h. in den Gallengängen ihres Wirtes, z. B. einer Schmuckschildkröte. Sie produzieren massenhaft Eier, die mit dem Kot der Schildkröte ausgeschieden werden.

Aus dem Ei entwickelt sich eine freischwimmende Larve der 1. Generation, das bewimperte Miracidium. Diese Larve bohrt sich bald in den Körper von Wasserschnecken ein. Die verschiedenen Egelarten scheinen dabei auf bestimmte Wasserschnecken als erste Wirte spezialisiert zu sein. In der Schnecke verwandelt sich das Miracidium in eine Sporozyste. Das ist ein sackartiges Gebilde, in dessen Inneren Keimballen entstehen.

Aus den Keimballen entwickeln sich mehrere Larven der 2. Generation, sogenannte Redien. Sie sehen bereits wurmartig aus. Ihr Lebensraum ist vor allem die Mitteldarmdrüse der Schnecke. Mittels zahlreicher Keimzellen bringen die Redien schließlich die 3. Larvengeneration hervor, die Zerkarien. Sie sehen den erwachsenen Leberegeln schon recht ähnlich, haben aber noch einen Ruderschwanz und noch keine Geschlechtsorgane.

Je nach Art des Leberegels verlassen die Zerkarien die Schnecke oder hausen weiter in ihr. Die erste Gruppe bohrt sich durch die Haut der Schnecke einen Ausgang ins freie Wasser. An einer Wasserpflanze bilden die Zerkarien eine häutige Kapsel, eine Zyste. In dieser Zyste warten sie im Ruhestadium ab, bis die Pflanze samt Zyste von einem Endwirt, z. B. wieder einer Schmuckschildkröte, gefressen wird. Im Darm schlüpfen die Egel dann aus der Zyste, nachdem sie den Ruderschwanz umgebildet hatten, und bohren sich durch die Darmwand. Sie suchen die Leber ihres Wirtes, schlüpfen in einen Gallengang ein und führen dort als geschlechtsreife Leberegel das Leben ihrer Art, d. h., sie produzieren etwa 5 bis 6 Jahre lang vor allem gewaltige Massen von Eiern.

Andere Leberegel-Zerkarien verlassen „ihre“ Schnecke nicht, sondern zystieren sich in deren Atemhöhle ein. Mit dem Atemwasser werden sie ausgestoßen und kommen so auch an Wasserpflanzen. Schließlich gelangen sie über die Wasserpflanze als Futterpflanze eventuell auch wieder in eine Schmuckschildkröte als Endwirt. Die omnivoren Schmuckschildkröten haben sowohl durch ihre Schnecken- wie Wasserpflanzenkost vielfach Gelegenheit, sich mit Leberegeln zu infizieren.

Dank ihres hohen Spezialisierungsgrades haben die meisten Trematoden gute Entwicklungschancen allerdings nur im Körper des spezifischen Wirtes. W a t e r t o r (1967) infizierte experimentell verschiedene Wasserschildkröten Nordamerikas und Strumpfbandnattern *(Thamnophis sirtalis,* eine sehr häufige nordamerikanische Wassernatter), mit dem Trematoden *Telorchis bonnerensis.* Dieser Saugwurm war ursprünglich als häufiger Parasit der Salamandergattung *Ambystoma* bekannt. Es zeigt sich, daß die Würmer im Körper der Reptilien eine verlangsamte Entwicklung durchmachten und außerdem von Generation zu Generation etwas kleiner wurden. Unter den Schildkröten war die Schnappschildkröte *(Chelydra serpentina)* noch der geeignetste Wirt, während *Chrysemys picta* und *Chrysemys scripta* die schlechtesten Voraussetzungen für die Entwicklung des Parasiten boten. *Telorchis bonnerensis* erwies sich somit als hochgradig auf Salamander spezialisiert. Wenn Schmuckschildkröten verseuchte Salamander oder noch häufiger deren ebenfalls infizierten Larven fressen, ist die Übertragungsgefahr des Parasiten also relativ gering.

Von den Kratzwürmern oder Kratzern *(Acanthocephala),* einer weiteren parasitisch lebenden Wurmgruppe, die vor allem im Magen und Darm zahlreicher Wirbeltiere haust, hat sich nur eine Gattung weitgehend auf Wasserschildkröten spezialisiert. Ansonsten sind Kratzer bei Reptilien selten zu finden. Aus Schmuckschildkröten und den nahe verwandten Höckerschildkröten *(Graptemys)* wurden mehrere Arten der Gattung *Neoechinorhynchus* beschrieben (Cable u. Hopp 1954, Cable jr. u. Fischer 1960, 1961). Auch die Kratzwürmer machen einen Generationswechsel und einen Wirtswechsel durch. Dabei dienen auch für diese Gruppe Wasserschnecken als Zwischenwirte.

Die Parasitenkunde ist bereits hinsichtlich der verschiedensten „Würmer" ein kaum überschaubares Feld. So gibt es z. B. Trematoden auch in der Lunge. Auch für diese „Lungenwürmer" sind häufig Wasserschnecken Zwischenwirte. Aber auch verschiedene Bandwürmer (Cestoidea) kommen als Parasiten in Schmuckschildkröten vor. Als Zwischenwirte für manche Bandwürmer, besonders die Proteocephalen, kommen Kleinkrebse (Daphnien u. a.) in Betracht. Diese wiederum spielen im Nahrungsspektrum der Schmuckschildkröten eine große Rolle.

Freilebende Würmer, z. B. Blutegel, die sich von Schildkrötenblut ernähren, sind ebenfalls nicht selten. Dabei gilt wie bei Trematoden und Nematoden, daß auch die Blutegel hochgradig spezialisiert sind. Am ehesten nehmen diejenigen Arten Ersatzwirte an, die auf andere aquatisch lebende Reptilien (z. B. Wasserschlangen, Alligatoren) geprägt sind.

Die Mikroorganismen in Schmuckschildkröten sind nicht minder zahlreich. Für ihre Spezialisierung treffen alle Aussagen zu, die bei den „Würmern" gemacht wurden. So sind die gefürchteten *Salmonella-* und *Arizona*-Bakterien im Darm der Schildkröten recht häufig anzutreffen. Sie scheinen aber den Schmuckschildkröten kaum etwas auszumachen, sondern verhalten sich wie „normale" harmlose Darmmikroben. Ob diese Bakterienstämme auf andere Wirbeltiere übertragbar sind und dort sogar stark pathogen (krankmachend) wirken können, wird sehr unterschiedlich beurteilt. Während man bisher der Meinung war, daß die pathogenen Salmonellen-Stämme, die Säugetiere und dem Menschen gefährlich werden können, nicht bei wechselwarmen Schildkröten existieren können, sind in letzter Zeit Übertragungsmöglichkeiten auf den Menschen nachgewiesen worden. Genaueres dazu wird auf S. 108 mitgeteilt.

Im Blut von Schildkröten wurden von Marquardt (1966) bei der knappen Hälfte der untersuchten Tiere *Haemogregarina* und *Haemoproteus* als einzellige Parasiten festgestellt. Diese Blutparasiten zerstören besonders die roten Blutkörperchen. Die Entwicklung der Gregarinen verläuft ebenfalls über Zwischenwirte. Als solche kommen einige freilebende Egel-Arten in Betracht, die ihrerseits von den Schildkröten gefressen werden. Damit ist eine Infektion der Schildkröte möglich.

Im Blut der Schildkröten wurden auch verschiedene Virus-Arten sowie gegen Viren gebildete Antikörper festgestellt. Ursache für den Virenbefall scheint vor allem die Übertragung durch Stechmücken zu sein. Crans u. Rockel (1968) konnten nachweisen, daß unter zahlreichen Mückenarten besonders *Aedes canadensis* in New Jersey Blut von Schildkröten saugt. Diese Mückenart machte allerdings nur knapp 5 % der im Untersuchungsgebiet lebenden Stechmücken aus. Sie scheinen jedoch hochgradig auf die Schildkröten spezialisiert zu sein, denn selbst der verbliebene Geruch am verlassenen Sitzplatz einer Schildkröte wirkte noch anziehend auf sie.

Unter den Parasiten der Schmuckschildkröten verdient noch eine Gattung der Milben besondere Beachtung. Bei verschiedenen nordamerikanischen Wasserschildkröten, so auch bei *Chrysemys picta,* fanden Camin, Moss, Oliver u. Singer (1967) hochgradig spezialisierte Milben in der Kloake. Sie nannten die Gattung *Cloacarus* und stellten eine neue Familie der Milben, die Cloacaridien, für sie auf. Offenkundig werden die Milben nur beim Geschlechtsakt übertragen. Sie sind sehr wahrscheinlich streng wirtsspezifisch, denn bei der Schnappschildkröte *(Chelydra serpentina)* wurde eine Kloakenmilbe gefunden, die sich morphologisch eindeutig von derjenigen bei *Chrysemys picta* unterscheiden läßt.

## 4.9. Algenbewuchs

Mitunter sind Schmuckschildkröten auch Träger eines Algenbewuchses auf dem Panzer. Grünalgenbewuchs ist Ausdruck einer guten Sauerstoffbilanz des Habitats, während andere Algen ungünstigere Wasserqualitäten anzeigen. Eine Schädigung oder Begünstigung der Schildkröte durch den Algenbewuchs mit Grünalgen konnte bislang nicht festgestellt werden. Es ist aber denkbar, daß dadurch ein verbesserter Haftgrund für die Ansiedlung anderer Mikroorganismen geschaffen wird. Die durch die Assimilation der Grünalgen verursachten guten Sauerstoffverhältnisse stellen andererseits aber eine natürliche Schranke für die Ansiedlung anaerob lebender pathogener Keime dar.

Gibbons (1968) untersuchte eine Population von *Chrysemys picta* in SW-Michigan. Die Schildkröten waren Träger von Algenkolonien, die überwiegend von der Art *Basicladia chelonum* gebildet wurden. Diese Alge scheint auf die Besiedlung beweglicher Kolonieträger – also vor allem von Schildkröten – spezialisiert zu sein. Die Algenbesiedlung erwies sich stark von der Jahreszeit abhängig. Während im April nur 15 % der Schildkröten Algenbewuchs zeigten, waren Ende Mai bereits 65 % mit Algen besiedelt. Während des Juli war der Höhepunkt erreicht, 90 % aller Tiere waren veralgt. Bis zum Oktober sank der Prozentsatz bereits wieder auf 55 %.

Die Besiedlung des Carapax der Schildkröten beginnt in der Regel auf den Marginalia und breitet sich langsam entlang der Schildnähte aus. Während im Frühling nur etwa 10 % der Carapaxfläche veralgt sind, können es im Juli über 50 % sein. Manche Exemplare sind so weit bewachsen, daß nur noch 10 % der Fläche im Zentrum des Rückenpanzers freiliegen.

Durch die Häutung der Carapaxschilder werden auch die Algenkolonien abgestoßen. Nach den Beobachtungen einiger Forscher kann die häufigere Häutung juveniler Schmuckschildkröten Ursache dafür sein, daß Jungtiere weniger stark veralgt sind als ältere Exemplare (Sexton 1965).

## 4.10. Natürliche Feinde der Schmuckschildkröten

Schmuckschildkröten haben eine größere Anzahl Freßfeinde. Je nach ökologischer Situation ihres Habitates und nach dessen geographischer Lage ändert sich das Spektrum der Tierarten, für welche *Chrysemys*-Arten Beute sind. Die Freßfeinde lassen sich in mehrere Gruppen einteilen. Da sind zuerst jene, die unmittelbar im gleichen Biotop mit den Schmuckschildkröten leben und somit beständig die Schildkröten dezimieren. Diese Freßfeinde gliedern sich in solche, die entweder nur adulte oder nur juvenile Schildkröten oder nur Schildkröteneier verzehren. Das ist meistens nur eine Frage des Größenverhältnisses von Jäger und Beute. Die größten Freßfeinde verzehren vom Ei bis zur erwachsenen Schildkröte alles, was sie finden. Eine andere Gruppe von Freßfeinden teilt nicht den Lebensraum mit den Schildkröten. Sie treffen nur auf Schmuckschildkröten und verzehren sie, wenn die Schildkröten über Land wandern, um neue Wohngewässer, Geschlechtspartner oder Legeplätze zu suchen.

In ihren Habitaten sind erwachsene Schmuckschildkröten am ehesten durch den Mississippi-Alligator bedroht, der gern Schildkröten frißt. Auch große Exemplare der Geierschildkröte und der Schnappschildkröte können selbst erwachsenen Schmuckschildkröten noch gefährlich werden. Ebenso sind große Greifvögel oft Schildkrötenjäger, die besonders Sonnenplätze heimsuchen.

Juvenile Schmuckschildkröten oder Schlüpflinge haben hingegen eine Unmenge Freßfeinde: Opossum, Waschbär, marderartige Raubtiere, zahlreiche Wasser- und Sumpfvögel, große Schlangen, Ochsenfrösche und zahlreiche Raubfische halten sich an den Schlüpflingen gütlich. Die Schlüpflinge stellen für diese Fresser Saisonnahrung dar, wo starke Schmuckschildkrötenpopulationen mit hohen Vermehrungsquoten leben.

Ebenfalls saisongebundenes Nahrungsangebot sind die Schildkröteneier, für die sich neben einigen der in der letzten Gruppe genannten Freßfeinde auch Füchse und Coyoten interessieren. Zur Nistzeit kommen sie an die Strände und „warten" auf frische Eier.

Bei ihren Wanderungen über Land können erwachsene Schmuckschildkröten auch von Großbären, Wölfen und Großkatzen (Pumas) gefressen werden.

Trotz der Vielzahl unterschiedlicher Tiere, die sich gelegentlich oder zeitweilig von Schmuckschildkröten ernähren, gibt es unter ihnen doch keinen Nahrungsspezialisten, der sich überwiegend auf das Verzehren von Schmuckschildkröten eingerichtet hätte.

## 4.11. Gefahren durch menschliche Aktivitäten

Der Mensch gefährdet den Bestand der Schmuckschildkröten weitaus mehr als alle möglichen natürlichen Feinde zusammen. Während die ursprüngliche Form der Gefährdung freilebender Tiere, ihre Nutzung als menschliche Nahrung, zunehmend an Bedeutung verliert, werden durch unökologisches Denken ermöglichte menschliche Aktivitäten den Tieren immer mehr zum Verhängnis.

Schmuckschildkröten werden in der Regel wenig gegessen (im Gegensatz zu den nahe verwandten Diamantschildkröten, *Malaclemys terrapen*). In manchen Gegenden der USA wird allerdings *Chrysemys rubriventris* als „Ersatz" für Diamantschildkröten verwendet. In den Südstaaten werden gelegentlich *Chrysemys floridana* und *Chrysemys concinna* verzehrt.

Der Suwannee-Cooter, *Chrysemys concinna suwanniensis,* hat als „suwannee chicken" leider doch eine gewisse kulinarische Berühmtheit erlangt.

Ebenso werden die Eier nur noch selten verzehrt oder zu Öl verarbeitet. Die wenigen Indianervölker, die noch gelegentlich Schmuckschildkröten und ihre Eier nutzen, spielen als Bestandsbedrohung keine Rolle.

Verheerende Auswirkungen hingegen zeigen die Eingriffe in die Natur durch technische Veränderungen oder durch die Chemisierung der Land- und Forstwirtschaft. Wasserwirtschaftliche Maßnahmen wie Kanalbauten, Flußbegradigungen, landwirtschaftliche Erschließung von Nutzflächen durch die Beseitigung von Kleingewässern, durch Melioration von Feuchtgebieten und schließlich Straßen- und Siedlungsbau zerstören großflächig die Habitate und Existenzbedingungen der Tiere. Straßen sind sekundär Todesstrecken der wandernden Schildkröten, wenn sie deren Habitate durchqueren. Der Einsatz von Pestiziden und Herbiziden in der Land- und Forstwirtschaft (Schädlingsbekämpfung, Mückenbekämpfung und Unkrautbekämpfung) vergiftet nicht nur die Schmuckschildkröten, sondern rigoros alle Amphibien und Reptilien und andere Tiergruppen in den betroffenen Gebieten.

Menschliche Unsitten, wie das „Sportschießen" auf sich sonnende Schmuckschildkröten, oder das Töten der Schildkröten durch die zahlreichen US-amerikanischen Angler, die die „Fischkonkurrenten" und „Köderdiebe" teilweise sogar hassen, sind nicht unerheblich am Rückgang der Bestände beteiligt. Es muß aber gesagt werden, daß die Vereinigten Staaten nicht nur über sehr gute Naturschutzgesetze mit drastischen Strafandrohungen verfügen, sondern vielerorts auch durch beamtete Wildhüter und eingerichtete Schutzgebiete wirksame Schritte zur Erhaltung der Natur unternehmen. So ist die Rettung der Everglades mit ihrer gesamten Fauna und Flora nicht zuletzt auch den zahlreichen Schmuckschildkröten zugute gekommen, die heute noch in starken Populationen dort beobachtet werden können.

Der massenhafte Fang der Schmuckschildkröten als Versuchs- oder Hobbytiere, der besonders dezimierend auf die Nachwuchsrate wirkte, wurde durch gesetzliche Maßnahmen ebenso eingeschränkt, wie andererseits rationell betriebene, leistungsfähige „Turtle-Farms" eine vernünftige Alternative für die zahlreichen Interessenten an Schmuckschildkröten bieten.

Der „Verschleiß" dieser massenhaft von Warenhäusern gewissermaßen als „Wegwerf-Tiere" angebotenen Schlüpflinge („turtle-hatchlings = nice pets for childrens!") ist allerdings ein ethisches Problem auf einer anderen Ebene, das ebenfalls gelöst werden muß.

Bedrohte Tiere im Sinne der Washingtoner Konvention sind die Schmuckschildkröten derzeit noch nicht. Einige geographische Unterarten von *Chrysemys scripta* und anderer Schmuckschildkröten-Arten sowie etliche Unterarten der Antillen-Schmuckschildkröte auf kleinen stark besiedelten Inseln sind aber aufgrund ihres z. T. äußerst kleinen Areals ganz leicht kraß zu gefährden, wenn Umweltveränderungen diese Areale beeinträchtigen. So wurde die Great-Inagua-Schmuckschildkröte *(Chrysemys terrapin malonei)* 1980 in die Kategorie 3 („selten") des Internationalen Rotbuches (Red-Data-Book) gestellt, da sich ihr Bestand z. Z. nur noch auf etwa 500 Exemplare beziffern läßt. Gefahren für die Tiere, die etwa ein Dutzend Tümpel und Teiche bewohnen, erwachsen aus einer neuen Meersalzgewinnungsanlage und durch verwilderte Haustiere. Ihnen sollte die Aufmerksamkeit der nationalen Naturschutzorgane der betreffenden Staaten zuteil werden, wenn sie erhalten werden sollen. Es ist zu bedenken, daß die Schmuckschildkröten noch in der Evolution begriffen sind (vgl. S. 36) – eine besonders hohe Verantwortung für den Menschen, diesen beeindruckenden gewaltigen Naturprozeß nicht durch verantwortungsloses Verhalten zu zerstören, noch ehe er zum Abschluß gekommen ist!

## 5. Schmuckschildkröten als Heim- und Versuchstiere

Kein anderes Reptil hat in Nordamerika eine vergleichbare Bedeutung sowohl als Heimtier („pet“) oder als Versuchstier gewonnen wie die Schmuckschildkröte. Dank des Umstandes, daß sich in den mittleren und südlichen Staaten der USA die Mehrzahl der *Chrysemys*-Arten erfolgreich in Freilandanlagen halten und züchten läßt, sind eine Reihe leistungsfähige Schildkröten-Farmen entstanden. Dort werden vor allem zahlreiche voll erwachsene Weibchen und wesentlich weniger Männchen in Intensivhaltungen untergebracht. Die Tiere leben in großer Dichte in eingefriedeten Becken (Betonbecken) und werden biologisch richtig und reichlich gefüttert, um die Eibildung zu fördern. Zur Eiablage steht ihnen alternativlos nur ein kleiner sandiger Landteil zur Verfügung. Die Ablage der Eier wird gut überwacht und die frischen Gelege werden sofort in Inkubatoren überführt. Dort werden sie mit sehr hoher Schlupfrate erbrütet. Auf diese Weise werden Tausende Schlüpflinge erzeugt. Sie stellen die Massenware des Tierhandels dar.

Derartige Farmzuchten sind eine vertretbare Methode, Schmuckschildkröten in ausreichender Anzahl für den Tierhandel bereitzustellen. Zugleich sind sie die einzige Alternative gegenüber dem nicht länger zu duldenden Massenfang von Jungtieren durch gewerbliche Tierfänger.

Bei rein kommerzieller und nicht auch von wissenschaftlichen Gesichtspunkten geleiteter Zucht gibt es jedoch auch einige Bedenken. Es werden leider oft keine Unterarten- oder gar populationsreinen Verpaarungen garantiert, so daß die Schlüpflinge schließlich nicht definierbare Unterarten-Bastarde werden. Auf diese unschöne vermeidbare Weise könnte eine „Haus-Schmuckschildkröte“ entstehen, die wissenschaftlich stark entwertet ist (vergleichbar mit dem unrühmlich bekannten „Zoo-Löwen“ oder der „Terrarianer-Boa“ und anderen „Heimtieren“, die noch weiter von ihren Ursprungsformen entfernt sind).

Außerdem besteht vor allem in den USA die Gefahr der Faunenverfälschung durch verantwortungsloses Aussetzen solcher sehr preisgünstig erworbener „pets“ (Lieblingstiere) aus dem Warenhaus (!), die inzwischen lästig oder zu groß geworden sind, in irgendwelchen Gewässern am Wohnsitz des Besitzers. Dadurch werden die ursprünglichen (autochthonen) Schmuckschildkröten-Bestände unkontrolliert und sinnlos beeinflußt. Am Rand der Großstädte sind solche Erscheinungen leider häufig zu beobachten. Selbst in Mitteleuropa ist die Quote freilebender ausgesetzter Schmuckschildkröten (vor allem *Chrysemys scripta elegans*) als völlig fremdes Faunenelement mitunter beachtlich (P a e p k e 1977). Allerdings besteht in Mitteleuropa für diese und weitere Arten keine Vermehrungschance unter Freilandbedingungen. Lediglich *Chrysemys picta* könnte das schaffen, sie aber wird selten importiert und ist auch ein kostspieligeres Handelsobjekt – ein wirksamer Schutz vor leichtfertigem Umgang mit den Tieren!

In der amerikanischen biologischen Forschung haben Schmuckschildkröten einen wichtigen Platz unter den Versuchstieren eingenommen. Das ist nicht zuletzt auch aus ihrer leichten Beschaffbarkeit zu erklären. Außerdem sind Reptilien aufgrund ihrer Zählebigkeit oft weit besser als Säugetiere im Experiment einsetzbar. In der Physiologie, Biochemie und Tierpsychologie wurden zahlreiche Ergebnisse anhand von Schmuckschildkröten gewonnen – Literaturzitate hierzu würden Seiten in Anspruch nehmen! Neben dem Einsatz der Schmuckschildkröten als Modellfall für die Erforschung allgemeiner biologischer Gesetzmäßigkeiten im Wirbeltierkörper ist dabei auch sehr viel über spezielle Besonderheiten der Schildkröten in Erfahrung gebracht worden. So ist das Wissen über Schmuckschildkröten heute in vieler Hinsicht besser als das über andere Gruppen der Ordnung *Testudines*. Der Einsatz der Schmuckschildkröten als Versuchstiere hat aber auch wesentlich dazu beigetragen, ihre Haltungs- und Zuchtbedingungen optimal kennenzulernen und in der Praxis der Farmen anzuwenden.

*Empfehlungen beim Erwerb und der Vergesellschaftung der Schmuckschildkröten.* Zum Erwerb stehen am ehesten frischgeschlüpfte Jungtiere zur Verfügung. Es ist darauf zu achten, ob die Tiere lebhaft sind und ob sie richtig schwimmen und tauchen können. „Schrägschwimmer“ und „Nichttaucher“ leiden an Erkältungskrankheiten und sind häufig bereits Todeskandidaten. Apathisch mit geschlossenen Augen daliegende Schmuckschildkröten haben häufig Augenentzündungen, die sich im fortgeschrittenen Stadium auch sofort an der Schwellung des Auges erkennen lassen. Die Panzer der Jungtiere sind noch sehr elastisch, sollten dabei aber eine gewisse Straffheit aufweisen. Ältere Jungtiere mit weichem Panzer leiden an schweren Störungen des Skelettaufbaus.

Es empfiehlt sich, eine größere Anzahl gesunder Jungtiere (mindestens 4 bis 6) zu erwerben, wenn damit eine „Stammbesatzung“ eines Behälters oder später eine ausgelesene Zuchtgruppe aufgebaut werden soll. Nur zur Ergänzung solcher Gruppen empfiehlt sich der Erwerb adulter Einzeltiere, sonst sollten dabei Paare erworben werden.

Für die Vergesellschaftung mit anderen Arten bzw. weiteren Sumpfschildkröten eignen sich Schmuckschildkröten im allgemeinen gut (vgl. S. 69). Es versteht sich von selbst, daß zum Vermeiden unerwünschter Kreuzungen nicht verschiedene Unterarten einundderselben Art oder nächste Verwandte aus anderen Arten vergesellschaftet werden dürfen. Hinsichtlich der Vergesellschaftung bereiten Antillen-Schmuckschildkröten (*Chrysemys terrapen*) sehr häufig und mitunter auch Buchstaben-Schmuckschildkröten (*Chrysemys scripta*) Schwierigkeiten, weil sie gegen andere Insassen des Behälters sehr aggressiv sein können. Solche „Stänkerer“ müssen einzeln gehalten werden und dürfen nur zur Verpaarung kurzzeitig zugesellt werden.

## 5.1. Haltung und Zucht der Schmuckschildkröten

### 5.1.1. *Die Pflege im Freilandterrarium*

Zur Haltung von Schmuckschildkröten, besonders erwachsener Exemplare, eignen sich Freilandterrarien mit großen Wasserbecken oder umfriedete Freilandteiche besonders gut. Die Beckengröße muß allerdings im richtigen Verhältnis zur Tierzahl stehen, wenn der Betrieb wartungsarm erfolgen soll. Der Besatz mit höchstens 1 bis 2 Schmuckschildkröten auf 1 $m^3$ Wasservolumen gewährleistet, sonnig gelegene Wasserbecken mit gutem Bewuchs von Wasser- und Sumpfpflanzen ganzsömmerig ohne Wasserwechsel zu unterhalten. Je häufiger in kleinen Becken Wasserwechsel vorgenommen werden muß, um so schlechter sind die Chancen für einen auch ästhetisch befriedigenden Wasserpflanzenwuchs.

Wenn das Becken häufiger betreten werden muß, soll es solide gebaut sein. Folglich empfehlen sich Folienteiche nur für größere Anlagen mit mäßigem Besatz und Betrieb ohne Wasserwechsel, während kleinere pflegeintensivere Anlagen stets mit Betonbecken ausgestattet sein sollten. Falls keine Entleerung des Beckens im Winter vorgesehen ist (Abfluß einbauen!), muß frostsicher ohne senkrechte Wände gebaut werden. Ins Becken sind Pflanzenmulden in allen Tiefenzonen, besonders aber im Flachwasserbereich, einzuarbeiten, sonst beschädigen die Schildkröten die Wurzelballen der Pflanzen. Es können aber auch mobile Pflanzenkästen verwendet werden. Die Neigungswinkel der Wände des Wasserbeckens sind so zu halten, daß die Schildkröten das Ufer durch Laufen am Bodengrund erreichen können. Bei Kälteeinbrüchen im Frühling werden die Schmuckschildkröten oft derartig klamm, daß sie an Steilufern ertrinken können.

Für die Schmuckschildkröten sind gute Sonnenplätze unbedingt erforderlich. Dafür eignen sich besonders aus dem Wasser ragende Baumstämme. Aber auch Sand, Kies, Stein- und Betonflächen am Wasserrand werden als Sonnenplätze in Anspruch genommen. Wichtig ist jedoch unmittelbare Wassernähe, um die blitzschnelle Flucht ins Wasser und sofortiges Abtauchen zu ermöglichen. Notwendig ist auch die absolute Trockenheit der Sonnenplätze. Verletzte oder hautkranke Wasserschildkröten suchen trockene Plätze zum Abheilen ihrer Defekte auf. Sie gehen oft tagelang nicht freiwillig ins Wasser.

Auch zur Eiablage sind trockene sonnig gelegene Plätze erforderlich. Der Boden muß dort grabfähig, locker und warm sein. Haben sie die Möglichkeit dazu, so laufen die Schmuckschildkröten zur Eiablage oft viele Meter vom Wasser weg und bevorzugen Böschungen (Südhänge) des Terrariums als Legeplatz. Allerdings sind die Gelege um so schwerer aufzufinden, je mehr Möglichkeiten den Tieren zur Verfügung stehen.

Die Schmuckschildkröten benötigen auch Unterwasserverstecke. Dazu eignen sich ebenfalls Baumstämme und Wurzeln (Vorsicht vor Reusenwirkung!) sowie die Bepflanzung mit Wasser- und Sumpfpflanzen. Der Bodengrund des Wasserbeckens sollte locker sein: sandig oder noch besser schlammig, was allerdings die Sicht stark beeinträchtigt. In kleinen häufig zu reinigenden Betonbecken kann aber auch auf Bodengrund verzichtet werden. Unterwasserpflanzen-Dickicht, das am Boden liegt oder schwebt (Wasserpest, Laichkräuter, Fadenalgen u. a.) liefert den Schildkröten die erforderliche Deckung.

Wichtig sind pflanzenreiche Uferzonen, in denen regelrechte „Unterwasserwechsel“ der Schildkröten entstehen. Zu warnen ist davor, daß die gesamte Wasseroberfläche mit Schwimmpflanzen-Blättern (Seerosen, Laichkräuter, Wasserlinsen) zuwächst. Dadurch kann besonders in tiefen Betonbecken der Gasaustausch stark beeinträchtigt werden. Abbauprodukte, die durch die Fäulnisprozesse im Bodenschlamm entstehen, treten dann hoch konzentriert im Wasser auf und können die Schildkröten vergiften. Weit häufiger wird es aber passieren, daß die Schmuckschildkröten nahezu den ganzen krautigen Wasser- und Sumpfpflanzenwuchs abweiden. Nur Schilf, Rohrkolben und Gehölze (z. B. Weiden) können dann in kleinen Becken mit zahlreichen Schmuckschildkröten noch überdauern.

Für tropische, aber auch aus gemäßigten Breiten stammende Schmuckschildkröten sind Zusatzheizungen des Freilandterrariums bzw. -teiches in sommerlichen Schlechtwetterperioden oder zur Ausweitung der Nutzungszeit des Freilandes im Frühjahr und Herbst sehr dienlich. Die teilweise Überdachung des Freilandterrariums mit Glas (Drahtglas) oder lichtdurchlässigen Kunststoffmaterialien kann ebenfalls die Temperaturen verbessern. Sie sollte so niedrig wie möglich erfolgen, um einen Wärmestau zu erreichen. So entsteht dort ein Frühbeet-Effekt. Allerdings muß bei starker Besonnung auch die Überhitzungsgefahr bedacht werden. Elektrische Strahlungswärme (Infrarotlampen) unter sicherem Regenschutz kann an trüben Tagen zusätzlich eingesetzt werden.

Auch das Wasserbecken kann mit elektrischer Zusatzheizung ausgestattet werden. Dabei sollte aber darauf geachtet werden, daß die Wassertemperatur die der umgebenden Luft nicht wesentlich übersteigt.

Eine automatische Steuerung der Zusatzheizungen über Kontaktthermometer, Relais und Schaltuhren oder eine perfekte Schaltelektronik erleichtern die Betreuung des Freilandterrariums außerordentlich und sichern den Tierbestand vor Erkältungskrankheiten bei plötzlich einsetzenden Wetterstürzen. Besonders bei zeitweiliger Abwesenheit des Pflegers sind zuverlässig arbeitende technische Anlagen wichtig.

Bei allen elektrischen Anlagen im Freilandterrarium sind grundsätzlich nur für den Außenbetrieb zugelassene Fabrikate einzusetzen. Vor Eigenbau-Experimenten ist dringend zu warnen, sie können zu tragischen Unfällen führen. Die Methoden der Regelung für Heizung und Beleuchtung sowie die Sicherheitsvorkehrungen gelten in gleicher Weise für die Schmuckschildkröten-Haltung im Zimmer.

### 5.1.2. *Haltung im Zimmer*

A q u a r i e n  a l s  S c h i l d k r ö t e n b e h ä l t e r: Da rationelle Raumnutzung nahezu überall unumgängliche Forderung ist, haben Aquarien mit eingehängten Landteilen weite Verbreitung gefunden. Der Anfang dazu ist ein aus dem Wasser ragender Baumstamm. Infolge der Hygroskopie des Holzes sind derartige Landteile oft als vollwertiger Sonnenplatz nicht trocken genug. Günstiger sind deshalb hängende Stämme oder Rindenstücke, die sicher und starr befestigt sein müssen.

Stein- oder Holzaufbauten unter Wasser sollen den Schmuckschildkröten ermöglichen, die Sonnenplätze leicht zu erklimmen. Die Kletterhilfen können auch in Form von Treppen, schiefen Ebenen, Gitter- bzw. Netzgeflechten aus Kunststoff oder textilen Materialien angefertigt werden, die an den hängenden Landteilen befestigt werden. In ihrer Festigkeit müssen sie der Größe und Gewandtheit der Schildkröten angepaßt werden. Anstelle der Baumstämme sind auch brettartig eingehängte Landteile geeignet, die Mulden für Bodengrund und Pflanzentöpfe enthalten. Die einfachste Ausführung stellen Bretter oder Kunststoffplatten mit ausgesägten Öffnungen dar, in die Fotoschalen eingepaßt werden, die verschraubt oder verklebt werden können. Blumentöpfe für Hydrokultur im Aquarienwasser (Cyperngräser u. a.), einfach in kreisrunde Löcher der hängenden Landteile gesteckt, halten von selbst.

Komfortablere Varianten sind Metallrahmenkonstruktionen für hängende Landteile, die ein abwechslungsreiches Bodenprofil mit größeren Mulden für Eiablage-Substrat und Bepflanzung enthalten. Als Material für das Bodenprofil eignet sich sehr gut Maschendrahtgeflecht, das sehr stabil und doch leicht verformbar ist. Das Geflecht wird beiderseitig mit Kunststoff beschichtet, so daß geschlossene Flächen, mit Abflußlöchern versehen, entstehen. Geeignet sind unter anderem Knet-PVC, Polyesterharze und alle anderen Kunststoffe, die im ausgehärteten Zustand keine wasserlöslichen Schadstoffe abgeben (lebensmittelsichere Qualitäten). Viele Kunststoffe lassen sich vor dem Aushärten gut einfärben oder mit Naturmaterialien (Kies, Steinplättchen) inkrustieren.

Dadurch kann gefälliges naturnahes Aussehen erreicht werden. Zur Verarbeitungstechnologie und Eignungsprüfung sollten die Fachliteratur und Experten konsultiert werden.

Auch bei diesen Landteilen sind bequeme Kletterhilfen anzubringen. Eingehängte Landteile ermöglichen zahlreiche Gestaltungsmöglichkeiten: terrassenförmige oder in zwei Etagen gegliederte Landteile usw. Bei Aquarien, die in Glasklebetechnik ausgeführt sind, ist es ein leichtes, einen aus Glas geklebten Landteil auch noch nachträglich einzufügen. Dafür werden an die Rück- und Seitenscheiben in der gewünschten Höhe Glasstreifen geklebt, auf die der Landteil gestellt wird, dessen Außenmaß für die Länge um ein weniges geringer sein muß als das lichte Längenmaß des Aquariums. Die Vorderkante des Landteils wird dann kaschiert und mit Ausstiegsschrägen aus beliebigem Material versehen.

Alle Arten eingehängter Landteile erlauben eine rasche Demontage bei der Reinigung des Aquariums. Schmuckschildkrötenhaltung in Aquarien ohne Landteil ist derartig unbiologisch, daß sie bereits als Tierquälerei zu bezeichnen und strikt abzulehnen ist.

Aquaterrarien für Schmuckschildkröten: Hier ist ein Aquarienteil mit einem fest installierten Landteil kombiniert. Bescheidenster Anfang sind Steinaufbauten im nur zum Teil mit Wasser gefüllten Aquarium. Um allzu große Gewichtsbelastung zu vermeiden, ist es vorteilhafter, mit Kunststoffimitation als mit zentnerschweren Natursteinen zu bauen. Echte Aquaterrarien haben solide getrennte Land- und Wasserabteile. Vorteilhaft für die Gestaltung ist eine ausreichende Höhe, um Epiphytenstämme als Dekor und höherwüchsige Pflanzen unterbringen zu können.

Das Dach hoher Aquaterrarien muß einen mit Leuchtstoffröhren gut bestückten Beleuchtungskasten tragen. Als Wärmequelle für den Sonnenplatz der Schildkröten dient ein feuchtigkeitssicher installierter tiefer hängender Strahlungsheizer (Glühlampe). Außer der intensiven Beleuchtung ist auch eine gute Durchlüftung für das Gedeihen von Tieren und Pflanzen unerläßlich. Außer den Belüftungsgittern können noch Kleinventilatoren für Luftumwälzung und -erneuerung sorgen. Automatische Kontrolle und Schaltung von Heizung, Beleuchtung und Belüftung bringen höchsten Bedienungskomfort.

Die Wasserteile der Aquaterrarien bedürfen ähnlicher Einrichtungen wie die der Freilandterrarien. Vor allem sind Unterwasserverstecke als Deckung vonnöten. Geeignete Höhlen lassen sich durch Wurzeln, Steinaufbauten, Kokosschalen, Blumentöpfe oder Kunststoff-Modellierungen je nach Geschmack und Erfordernissen variieren. Genau so wichtig sind Flachwasserzonen mit und ohne Deckung als Ruheplätze für die Schildkröten. Flachwasserzonen gestatten das Erreichen des Wasserspiegels zum Atmen durch Halsstrecken. Sehr einfach sind solche Bereiche durch Steinplatten oder Wurzeln zu schaffen. Auf Bodengrund sollte in kleinen Aquarien verzichtet werden.

Der Beckenboden kann aus Glas oder aus Beton mit eingegossenen Natursteinen, Schieferplatten u. a. bestehen. Rankende Unterwasserpflanzen oder notfalls auch Kunststoffpflanzen oder grüne Perlonwolle schaffen die nötige Unterwasserdeckung. Die Beheizung des Aquariums erfolgt mit den in der Aquaristik gebräuchlichen Heizertypen. Nächtliches Absenken der Temperatur um einige Grad entspricht den natürlichen Verhältnissen und wirkt sich positiv auf die Vitalität der Schildkröten aus.

Tagsüber soll die Wassertemperatur nicht höher als die Lufttemperatur über dem Wasserspiegel sein. Anderenfalls ist das häufig Ursache für Erkältungskrankheiten der Luftwege und für Augenentzündungen. Die Sonnenplätze müssen unbedingt mit Lampen erwärmt werden, wenn es nicht reichlich natürliche Sonneneinstrahlung gibt.

Wasserwechsel ist ein Problem für sich und kann leicht in Schwerarbeit ausarten. Großen Becken sollten daher mit fest installiertem Wasserzulauf und -ablauf versehen werden. Bereits Schlauchleitungen erleichtern den Wasserwechsel, besser sind Rohrleitungen. Besonders empfehlenswert sind Wasserdurchlaufanlagen.

Bei Besatz der Becken mit größeren Schmuckschildkröten, die alle mehr oder minder starke Pflanzenfresser sind, läßt sich selbst bei täglichem Wasserwechsel Geruchsbelästigung kaum ausschließen; Sichtklarheit des Aquarienwassers besteht nur kurzfristig. Von den eigenen Ausscheidungen und ihren Zerfallsprodukten, die alle im Wasser gelöst sind, gehen schädigende Rückwirkungen auf die Schildkröten aus. Gewisse Stoffwechselprodukte wirken als Wachstumshemmer, so daß die Schildkröten verzwergen. Filtersysteme mit starken Pumpen können das Wasser zwar sehr wirksam von allen Schwebeteilchen reinigen, entfernen aber nur in geringem Maß die darin gelösten Stoffe. Hier hilft nur permanenter Wasserwechsel. Ideal ist dauernder Zufluß von vorgewärmtem Frischwasser über einen richtig dimensionierten und geschalteten Warmwasserbereiter. Hier sei nur darauf hingewiesen, daß solche Anlagen mit relativ geringem Aufwand auch in Wohnräumen recht unauffällig installiert werden können. Richtig konstruiert, sind sie auch absolut überlaufsicher.

## 5.2. Die Fütterung

Schmuckschildkröten sind omnivor mit unterschiedlicher Verlagerung der Hauptanteile der Nahrungsmittel (s. S. 83 ff.). Natürliche Fleischfuttermittel für Schmuckschildkröten sind Kerbtiere (besonders Wasserinsekten und deren Larven) und Krebse (Wasserflöhe, Bachflohkrebse). Selbst ausgewachsene Exemplare fressen mitunter stundenlang und literweise Daphnien! Kalk und Vitamine werden durch natürliche Kerbtiernahrung ausreichend geboten. Verfüttert werden können auch Regenwürmer und Gehäuseschnecken, deren Schalen jedoch vorher zertrümmert werden müssen, wenn es sich um Landschnecken handelt. Auch die „Mehlwürmer" (Larven des Mehlkäfers) eignen sich gut als gelegentliches Futter. Ebenso werden Kaulquappen von Fröschen gern gefressen (Naturschutzbestimmungen beachten!).

Von der Verfütterung von Fröschen und Molchen, die von größeren Schmuckschildkröten gern verzehrt werden, sollte aus Naturschutzgründen gänzlich Abstand genommen werden.

Süßwasserfische sollten die Schmuckschildkröten vorwiegend tot erhalten. Kleine Fische sind ganz, die größeren zerschnitten zu verfüttern. Vorteilhaft ist das Tieffrieren von Futterfischvorräten in Tagesportionen. Solche Feinfrostpakete von Moderlieschen, Karauschen, Schleie, Gründling und anderen Kleinfischen lassen sich beim Herbstabfischen von Teichwirtschaften oft in Mengen gewinnen. Zur Fütterung ist es möglich, das ganze Paket ohne vorheriges Auftauen ins Schildkrötenbecken zu werfen. Die abfallenden frisch aufgetauten Fischchen werden dann sofort gefressen. Auch Guppys eignen sich gut als Futterfische. Ungeeignet zu Futterzwecken sind alle stachelflossigen Fische (Stichlinge, Barsche).

Seefisch darf nur ungesalzen verfüttert werden. Vorsicht ist bei ersten Versuchen mit Seefischfütterung geboten. Besser vertragen wird Seefisch in gekochtem Zustand. Es sollten zunächst nur Kleinstmengen verabfolgt und die Verdauung abgewartet werden! Ist der Fisch zu fett, reagieren die Schildkröten mit der Ausscheidung unverdauten Fettes oder mit Erbrechen der ganzen Nahrung. Das kann auch bei Verfütterung fetten Süßwasserfisches (z. B. Mastkarpfen) auftreten! Fischfütterung, insbesondere Seefischfütterung, verdirbt das Wasser meist sehr stark und zieht die Notwendigkeit baldigen Wasserwechsels nach sich.

Als vorzügliches Futter erwies sich das Fleisch von Tintenfischen (also Mollusken), das gelegentlich preisgünstig als Gefrierware im Handel ist. In feine Streifen geschnitten, wird es gern gefressen und gut verdaut.

Fleisch von Schlachttieren ist ebenfalls als Kraftfutter für Schmuckschildkröten geeignet. Verwendet werden vor allem in Streifen geschnittenes Rinderherz sowie andere fettfreie Innereien (Lunge, Leber [auch gekocht!], Niere und Flecke).

Futter-Pellets zur Fischmast oder -aufzucht (besonders Forellen-Pellets) werden von manchen Schmuckschildkröten gern genommen. Ebenso werden die Futterfleischkonserven für Katzen und Hunde gefressen.

Hervorragendes Kraftfutter sind nestjunge Labormäuse und -ratten. Bei guter Ernährung der Mäuse- und Rattenzuchten bieten wir mit diesen Futtertieren nahezu das komplette Nähr- und Wirkstoffspektrum, das die Schildkröten brauchen. Mäuse- und Rattenbabys sollten getötet (an der Futterpinzette oder -nadel vorgehalten) gefüttert werden.

Futtergelees werden von manchen Wasserschildkrötenpflegern als praktische, begrenzt haltbare und gut portionierbare Futtermittel hergestellt. Es handelt sich um Futtermischungen, die durch Gelatine gebunden sind. Sie werden in wurmförmige Streifen zerschnitten. Futtergelees sind auch zur gezielten Zuführung von Wirkstoffen und Medikamenten besonders gut geeignet. Mit gelöster Speisegelatine oder Agar werden gut abgetropftes Hackfleisch (oder Hackfisch), gehackte Pflanzenmasse (Löwenzahn, Wasserlinsen, gehackte Brennesseln, Spinat) und zerstoßener Garnelenschrot verrührt. Kalk- und Vitamingaben werden zugefügt. Dann muß die Masse erkalten. Um ein Zerbröckeln zu vermeiden, müssen die Zutaten fein zerkleinert sein. Nach dem Erkalten kann Futtergelee im Kühlschrank oder auch im Tiefkühlfach aufbewahrt werden. Es ist innerhalb kürzerer Zeit zu verbrauchen.

Pflanzenfutter benötigen alle Schmuckschildkröten mehr oder weniger reichlich. Blattgemüse (alle Kohlarten, Kopf- und Pflücksalate, Endivien, Rapunzeln, Spinat, Mangold, Chicorée) und geraspelte Wurzelgemüse (vor allem Möhren, Karotten und Kohlrüben), aber auch in Scheiben geschnittenes Obst (Äpfel, Bananen) können gereicht werden. Blattgemüse wird lediglich aufgepflückt. Gründliches Waschen von gespritzten Gemüsen und Obst ist wie für den menschlichen Genuß dringend geboten! Das trifft vor allem für Wildgemüse zu, das in Straßennähe oder in der Nachbarschaft von Ackerbauflächen gesammelt wurde. Unter den Wildpflanzen spielen Löwenzahn, Milchdistel und Wegerich eine besondere Rolle.

An Wasserpflanzen eignen sich zahlreiche submers und emers wachsende Arten (mehr, als dem Freund schön bepflanzter Schildkrötenbehälter lieb sind!) und vor allem auch Wasserlinsen. Letztere lassen sich auch gut portioniert für den Winter in der Tiefkühltruhe aufheben.

Starke Pflanzenfütterung bringt aber reichliche Wasserverschmutzung mit sich. Ausreichend dimensionierte Filteranlagen und Wasserdurchlaufanlagen sind bei der Haltung stark vegetarisch lebender Schmuckschildkröten (erwachsene Exemplare der Untergattung *Pseudemys*) sehr zu empfehlen.

Kalkzufütterung wird bei Wasserschildkröten nötig, wenn nicht durch Naturfutter (Mäuse, Fische, Schnecken, Kerbtiere) ausreichend Kalk angeboten wird, also besonders bei starker Muskelfleischfütterung. Geeignet sind Garnelenschrot, Knochenschrot oder Sepia-Schale. Kalkpräparate (Tabletten, milchsaurer Kalk in Pulverform, Futterkalkmischungen wie Mykostin), können wegen ihrer Wasserlöslichkeit nur in Futtergelees eingearbeitet werden. Vitaminpräparate in flüssiger Form oder als Tabletten, Dragees oder Gelatine-Kapseln sind auch durch Injektion oder durch Einschieben in Futtertiere oder Fleischbrocken zu verabfolgen.

Es sollte nur an bestimmten, gut einsehbaren Stellen des Beckens gefüttert werden, eventuell mit Futternäpfen, die abgesenkt werden. Fütterung von der Pinzette oder einer Futternadel gestattet individuelle Versorgung, insbesondere mit medikamenten- oder vitaminbeladenem Futter. Liegengebliebene Futterbrocken müssen bald entfernt werden, da das Wasser sonst zu schnell verdirbt.

Vitamingaben, besonders von Vitamin $D_3$ für den Kalkstoffwechsel, aber auch vitalitätsfördernde Multivitaminpräparate, können aus der Tier- und Humanmedizin angewendet werden (z. B. Ursovit $D_3$ oder Vigantol). Die Mengen lassen sich durch (großzügige) Gewichtsumrechnung ermitteln. Manche Vitamine (besonders des B-Komplexes) zeichnen sich durch unangenehmen Geruch aus, der auch die Schildkröten stört. Solche Präparate sollten nur als Gelatine-Kapseln in Futterbrocken von Lieblingsnahrung verpackt werden. Zu Beginn der Fütterung erhalten sie die hungrigen Schildkröten als erste Gabe. Manche Pfleger injizieren die Vitamingaben auch in die Gliedmaßen und in den Schwanz. Das setzt aber Erfahrungen in der Dosierung und Handhabung der Spritzen voraus.

Mitunter fressen die Schmuckschildkröten Sand und kleine Steine! Das kann der Zufuhr von Kalk dienen, kann aber auch Reibesteine zur Unterstützung der Verdauung in den Magen befördern. Die Steinchen oder Sandkörner werden regelmäßig wieder ausgeschieden, wodurch ständig neues „Steinefressen" (Lithophagie) nötig wird. Keinesfalls ist darin eine krankhafte Erscheinung zu sehen.

## 5.3. Die Pflege im Verlauf des Jahres

Mit dem Frühling beginnt der aktive Teil des Schildkrötenjahres. Sind die Temperaturen hoch genug, so verlassen die Schmuckschildkröten ihre Winterquartiere im Freilandterrarium zu den ersten Sonnenbädern. Das beginnt je nach Wetterlage in den Mittagsstunden der letzten März- oder ersten Apriltage. Verschwindet die Sonne, so ziehen sich die Tiere rasch wieder in ihre Schlupfwinkel zurück. Alle Sumpfschildkröten bleiben zu dieser Zeit gern lange im Pflanzendickicht leicht erwärmbarer Flachwasserzonen des Wasserbeckens.

Mit länger andauernden optimalen Tagestemperaturen beginnt die Nahrungsaufnahme (vgl. S. 71 ff.). Da auch die Stoffwechselleistungen der Schildkröten temperaturabhängig sind, ist eine Verdauung erst möglich, wenn der Schildkröte ausreichend Zeit zum Erreichen ihrer Normaltemperatur zur Verfügung steht. Für den Pfleger bedeutet das, ungünstige Temperaturschwankungen durch eine variable Heizung auszugleichen. Im Freilandbehälter sind im April und Mai Heizungen außerordentlich zu empfehlen. Stehen solche nicht zur Verfügung, sollten die Schmuckschildkröten in diesen beiden Frühjahrsmonaten auch nach erfolgreicher kalter Überwinterung im Freiland oder Keller vorsorglich im Zimmerbehälter gepflegt werden.

Die feuchtkühlen mitteleuropäischen Frühlingstage sind für die Schmuckschildkröten häufig eine zu harte Prüfung! Am gefährlichsten sind Wetterstürze nach Schönwettertagen. Die Schildkröten haben dann ausreichend gefressen, können aber in der plötzlich eintretenden Kälte nicht mehr verdauen. Schwerste Störungen sind die Folge. Erkältungskrankheiten der Luftwege kommen häufig noch hinzu.

Ende Mai wird die Wetterlage sicherer. Gefeit vor bösen Überraschungen ist aber der Schmuckschildkrötenliebhaber in Mitteleuropa auch im Juli und August nicht! Ein über Kontaktthermometer gesteuerter Heizbetrieb kann hier vor Verlusten bewahren.

Mit der Freßperiode beginnt gleichzeitig auch die Paarungszeit. Beide Beschäftigungen füllen den Tag der Schildkröten im Mai und Juni. Neigt sich die Sonne, so enden für viele Schmuckschildkröten, besonders die Alten, die Aktivitäten noch nicht. Sie suchen häufig noch im Dunkeln Nahrung.

In frühsommerlichen Wärmeperioden und im Hochsommer wird der Tagesablauf durch die Mittags-(Hitze-)Ruhe unterbrochen. Schmuckschildkröten ruhen besonders gern im Dickicht von Schwimm- und Uferpflanzen. Im Anschluß an einen sommerlichen Gewitterregen kommen die Schmuckschildkröten mitunter auch an Land. Sie gehen dann auf Regenwurm- und Schneckensuche. An warmen Juniabenden erfolgen auch meist die ersten Eiablagen im Schildkrötenterrarium. Angekündigt wird der Vorgang bereits Tage vorher durch abendliche Wanderungen der Schmuckschildkrötenweibchen, die geeignete Legeplätze ausfindig machen wollen.

Im Hochsommer läßt die Freßleistung der Schildkröten, die im Frühling oft erstaunlich ist, rapide nach. Gegen Herbst wird die Nahrungsaufnahme bis auf gelegentliche Naschereien von Leckerbissen ganz eingestellt, obwohl die Mittagsstunden noch recht angenehm sind und von den Schildkröten auch zu regelmäßigen Sonnenbädern genutzt werden.

Die Nächte hingegen sind bereits lang und kühl. Gegen Anfang Oktober suchen die Schildkröten ihre Winterquartiere auf.

Im Zimmerbehälter wird versucht, durch Steuerung der Heizung und Beleuchtung ebenfalls die jahreszeitliche Rhythmik nachzuahmen. Tropische Arten (*Chrysemys terrapen* und einige Unterarten von *Ch. scripta* aus Mittel- und Südamerika) halten keine Winterruhe, sondern werden nur einige Wochen etwas „knapper" betreffs Temperatur und Futter gehalten.

Schlüpflinge sollten besser auch eine kurze Ruhezeit erhalten. Das „Durchfüttern" im Winter auch bei juvenilen nordamerikanischen Schmuckschildkröten gelingt zwar durchaus, führt aber häufig zu rachitischen Exemplaren.

## 5.4. Die Überwinterung

Schmuckschildkröten aus den gemäßigten Breiten sollten bevorzugt kalt überwintert werden, wenn nicht ungenügender Ernährungszustand oder akute Erkrankungen vorliegen. Im Erkrankungsfall verhilft nur warme optimale Haltung mit Fütterung und

Behandlung zum Überleben. Sind der Nachholebedarf an Nahrung gestillt oder die Krankheit ausgeheilt, kann dann immer noch mit Erfolg eine kürzere kühle Winterruhe zur biologischen Synchronisation der Tiere mit den anderen Artgenossen angeschlossen werden. Das ist eine wesentliche Voraussetzung für Zuchtversuche. Infolge der strengen Abhängigkeit besonders der Sexualzyklen (Spermatogenese, Ovulation) von den jahreszeitlichen Einflüssen ist unbedingt zur Winterruhe, auch unter verkürzten Bedingungen, zu raten.

Tiere aus Freilandanlagen brauchen nicht besonders auf die Winterruhe vorbereitet zu werden, da das durch die Wettereinflüsse erfolgt. Tiere aus Zimmervivarien erhalten einen allmählichen Nahrungsentzug unter merklicher Drosselung der Temperaturen und durchlaufen so auch eine Vorbereitung auf die Winterruhe.

Die Frage, ob Freiland- oder Kellerüberwinterung besser sei, ist nur schwer zu entscheiden, da beiden Möglichkeiten Vor- und Nachteile innewohnen. Freilandüberwinterung von Schmuckschildkröten ist nur für adulte Exemplare zu empfehlen. Günstig ist, wenn der Fundort bekannt ist. Es leuchtet ein, daß eine *Chrysemys picta* oder *Ch. rubriventris* aus dem Norden der USA besser durch einen mitteleuropäischen Winter kommen wird als eine *Chrysemys floridana* aus den Südstaaten der USA!

Die Überwinterung im Freilandteich bzw. -becken ist möglich, wenn der Teich an der tiefsten (Überwinterungs-)Stelle mindestens 120 cm Wassertiefe und eine Schlamm- oder Sandschicht als Bodengrund hat. Die Schildkröten benutzen auch im Wasser liegende Fallaubschichten oder Wasserpflanzen als Unterschlupf. Wertvolle Tiere sollten dem Risiko einer Freilandüberwinterung nicht ausgesetzt werden und lieber unter Kontrolle überwintert werden.

Schmuckschildkröten können im Keller oder anderen kühlen Räumen in Wannen oder größeren Aquarien überwintert werden. Der Wasserstand braucht die Panzerlänge des größten Tieres nicht zu überschreiten. Die Wasserbecken müssen durch flache Steine bequeme Flachwasser-Sitzplätze und Ausstiegsmöglichkeiten auf eingehängte oder anschließende Landteile haben. Die Temperaturen im Überwinterungsraum sollten 8 bis 10 °C nicht überschreiten; Dunkelheit bzw. geringes Licht entspricht den natürlichen Bedingungen der Überwinterung.

Es macht nur geringe Schwierigkeiten, die Winterruhe zu beenden und die Tiere innerhalb von 5 bis 8 Tagen wieder an optimale Temperaturen und Lichtverhältnisse zu gewöhnen. Die Tiere beginnen bald zu fressen. Nachdem sie das erste Mal gefressen haben, wird die Verdauung abgewartet, ehe erneut gefüttert wird. Stellt sich dann bei den Schmuckschildkröten auch der Paarungstrieb ein, ist es ein sicheres Zeichen, daß sie richtig überwintert wurden.

### 5.5. Die Aufzucht erworbener Schmuckschildkröten-Schlüpflinge

Die Aufzucht von Schildkröten-Babys zu erwachsenen Tieren ist eines der reizvollsten, aber auch schwierigsten Kapitel der Schildkrötenpflege! Ein einwandfreies Skelettwachstum ist nur zu erreichen, wenn einige unabdingbare Voraussetzungen erfüllt werden. Jungschildkröten sind sehr empfindlich gegen Störungen des Kalk-Stoffwechsels. Sie beantworten solche Unstimmigkeiten mit Panzererweichungen und anschließenden

Deformierungen, die zu häßlichen, nicht ausgleichbaren Dauerschäden oder gar zum Tod führen.

Wie alle Tiere, so müssen auch die Schmuckschildkröten in verhältnismäßig kurzer Zeit die Geschlechtsreife erreichen; damit ist eine Mindestgröße verbunden. *Chrysemys*-Arten benötigen für diesen Prozeß 4 bis 10 Jahre, das bedeutet aber keinesfalls das Erreichen kapitaler Maße. Schildkröten wachsen wie alle Reptilien lebenslang und sind daher niemals „ausgewachsen".

In der Jugend erfolgt eine rasche Größen- und Gewichtszunahme, die mit der Bildung beachtlicher Knochenmasse beim Panzerwachstum verbunden ist. Daher muß die Nahrung der Jungschildkröten ausreichende Mengen der Elemente Kalzium und Phosphor in einem günstigen Verhältnis enthalten. Für den Einbau dieser Stoffe in die knorpelige Knochenanlage der Schildkröten ist das Vitamin $D_3$ verantwortlich. Es muß folglich auch in ausreichender Dosis vorhanden sein, wenn die Kalk-Phosphor-Gabe nützen soll.

Zur Aktivierung des Vitamins D zu $D_3$ ist ultraviolettes Licht notwendig. Der UV-Anteil des ungefilterten ohne trennendes Glas einwirkenden Sonnenlichts ist für die Tiere ausreichend. Der Pfleger muß, wenn keine oder nicht ausreichende direkte Sonnenbestrahlung für die Schildkröten möglich ist, durch UV-Lampen nachhelfen. Bewährt haben sich vor allem Lampentypen mit sogenannter „weicher" UV-Strahlung (Handelstyp z. B. Narva-de-Luxe-UV). Diese Lampen geben nur geringe Anteile der sogenannten „harten" Strahlen ab, die beträchtliche Verbrennungen bewirken können. Die Anwendungszeit der Weichstrahler kann von 10–30 min am Tag währen.

Vorsicht ist bei Verwendung von Höhensonnen (harte Strahler) geboten. Hier sind unbedingt ausreichende Abstände einzuhalten und kürzeste, allmählich etwas steigende Bestrahlungszeiten einzusetzen. Haut- und Augenschäden bei den Schildkröten sind sonst unausbleiblich. Als Augenschutz bei der Bestrahlung mit Höhensonnen empfiehlt es sich, den Schildkröten etwas Mull, der mit einem Pflaster auf dem Kopf festgeklebt wird, aufzulegen.

Die Vitamin-D-Gaben müssen ebenfalls sorgfältig dosiert werden (Umrechnung auf das Körpergewicht nach Anwendungsvorschrift). Bei Vitamingaben ist außerdem sehr auf reichliche Kalkzufuhr zu achten, sonst kann leicht der gegenteilige Effekt eintreten: bei Mangel an umsatzfähigem Kalk greift das Vitamin $D_3$ die Kalkbestände des Knochens an und bewirkt so Knochenerweichung (Rachitis), die es eigentlich beheben sollte! Die tägliche Kontrolle der jungen Schildkröten ist also eine wichtige Arbeit des Pflegers. Die Festigkeit des Panzers hat der Pfleger bald „im Griff", mit leichtem Fingerdruck ist sie behutsam zu prüfen.

Bei allen Schmuckschildkröten aus gemäßigten Klimaten sollte auch in der Aufzuchtphase nicht auf die naturgemäßen jahreszeitlichen Ruhe- und damit Wachstumspausen verzichtet werden. „Dampfaufzuchten" sind am stärksten von rachitischen Defekten bedroht! Aufgetretene Panzerdeformierungen (rachitische Höckerbildung auf dem Rücken, zu flache, besonders im Beckenbereich flach abfallende Panzer und Wirbelsäulenverkrümmungen) sind kaum noch kompensierbar. Immerhin können die betroffenen Tiere durch Erhärten des Knochens gesunden. Sie haben dann häufig noch eine normale Lebenserwartung, sind sogar zuchttauglich; eine Vererbung ihrer Schäden ist deren Wesen nach nicht möglich. „Schmuck"-Schildkröten sind solche Krüppel allerdings nicht!

## 5.6. Die Zucht

Die wichtigste Voraussetzung ist geeignetes Zuchtmaterial. Das bedeutet, daß ein einzelnes Paar die minimalste Chance für einen Zuchterfolg bietet. Da stets der Verlust eines Tieres in Betracht gezogen werden muß, außerdem auch nicht jedes Tier zuchtfähig ist, lautet die sinnvollste Forderung: nicht viele Arten paarweise pflegen, sondern wenige in größeren Zuchtgruppen, in denen der Verlust eines Tieres kompensierbar ist. Leider steht der Verwirklichung dieses Ziels oft die Praxis des Tierhandels entgegen, der kleine Gruppen importierter Tiere sinnlos zersplittert oder durch zu hohe Preise den geschlossenen Erwerb einer Gruppe erschwert. Günstig ist es, aus einer größeren Anzahl von Schlüpflingen eine Zuchtgruppe heranzuziehen. Bei der Zusammenstellung von Zuchtgruppen kommt dem Tiertausch in Liebhabervereinigungen oder zwischen Zoos und Instituten eine hervorragende Bedeutung zu.

Eine weitere wichtige Voraussetzung für die Zucht sind geeignete Hälterungsbedingungen. Erwachsene Schmuckschildkröten werden sehr groß und benötigen viel Platz. Die kleinste Art, *Chrysemys picta,* ist in mehreren erwachsenen Exemplaren noch gut in Zimmeranlagen unterzubringen, während das bei den anderen Arten sehr platzaufwendig wird.

Werden die Schmuckschildkröten auf zu engem Raum zusammengepfercht, so sind ihre Verhaltensweisen oft erheblich gestört. Der vom Partnerkontakt ausgehende Reiz wird durch die Zwangsvergesellschaftung während des ganzen Jahres abgestumpft und schließlich unwirksam. Als vorteilhafter erweist sich bei Platzmangel die Einzelhaltung oder Vergesellschaftung nur ganz weniger Tiere desselben Geschlechts in kleineren Behältern. Erst zur gewünschten Paarung werden die Partner dann zusammengesetzt. Das funktioniert auch bei Schmuckschildkröten unter räumlicher Einengung oft ausgezeichnet. Da das Partnererkennen bei Schildkröten am wenigsten optisch, sondern vornehmlich olfaktorisch erfolgt (vgl. S. 46), ist es leicht verständlich, daß es nur dann funktionieren kann, wenn nicht dauernd der Geruch beider Geschlechter vermischt und konzentriert im Aquarienwasser auftritt.

Zu den Haltungsbedingungen gehört auch die Synchronisation des Jahresrhythmus der Schildkröten. Wie wir bereits erörtert haben, stimulieren die jahreszeitlichen Einflüsse, d. h. vor allem die Temperaturerhöhung und Lichtfülle des Frühlings maßgeblich die sexuelle Aktivität der Schildkröten. Das bedeutet, daß auch bei Einzelhaltung innerhalb einer Zuchtgruppe die klimatischen Bedingungen immer gleich sein müssen. Bei Gemeinschaftshaltung in entsprechend großen Behältern umgehen wir die damit verbundenen Schwierigkeiten. Die Bedeutung der Winterstarre als Vorbereitungsphase wurde schon dargestellt (s. S. 75), es ist also zu berücksichtigen, daß ohne jahreszeitlichen Rhythmus nur sehr bedingt Chancen für eine Nachzucht der Schildkröten bestehen.

Die Kopulation erfolgt bei den Schmuckschildkröten nach vorausgegangenem Werbespiel (s. S. 76ff.).

Der Eiablage im Terrarium gehen oft tagelange Suchaktionen nach geeigneten Legeplätzen voraus. Dazu werden die Abendstunden bevorzugt. Es kommt aber auch zu spontanen Eiablagen, die in Ermangelung geeigneter Plätze leider auch im Wasser oder ohne Vergraben an Land erfolgen können. Solche Eier sind nur lebensfähig, wenn sie bald entdeckt und geborgen werden.

Auch bei der Ablage an günstigen Legeplätzen ist zu empfehlen, die Eier nicht am Legeplatz zu belassen, gleichgültig ob es sich um eine Zimmeranlage oder um ein Freilandterrarium handelt! Der mitteleuropäische Sommer garantiert keine Sicherheit für die Inkubationsbedingungen, und auch im Terrarium ist die Kontrolle der Eier erschwert. Sie werden also besser mit einem Kaffeelöffel vorsichtig ausgegraben, wobei es zu vermeiden ist, die Eier zu drehen. Da ihre Schale immerhin fest genug ist, lassen sich die Oberflächen der Eier – falls erforderlich – noch am Legeplatz mit einem weichen Bleistift markieren (z. B. mit dem Legedatum oder der Nummer der Mutter, die auch auf dem Panzer vermerkt sein kann).

Die Eizeitigung kann in verschiedenen Inkubationsbehältern erfolgen. Es gibt Modelle, die in simpler Eigenbaumethode gefertigt wurden, aber auch relaisgesteuerte Brutschränke. Je pleiner der Inkubator, um so geringer ist seine Stabilität in bezug auf Temperatur und Luftfeuchtigkeit.

Frei auf einer Unterlage aus Holz, Plast oder Glas aufliegende Eier sind am leichtesten zu kontrollieren, aber auch unmittelbar den Temperatur- und Feuchtigkeitsschwankungen schutzlos ausgesetzt. Substrateinbettung in sterilisiertem Sand, Torfmull, Moos, Schaumstoff-Flocken, Hobel- oder Sägespänen hingegen erschwert die Kontrolle durch den Pfleger wie auch den Gasaustausch des Eies und begünstigt Schimmelansatz. Auf jeden Fall muß das Substrat gut drainiert und locker sein. Manche Züchter verwenden daher in geklebten Glasbehältern folgende Substratschichtung: Scherben – grober Kies – feiner Kies – Sand.

Zur Gewährleistung der Luftfeuchte im Inkubator dient eine möglichst große Oberfläche verdunstbaren Wassers, das durch Aquarienheizer erwärmt wird. Die Eier liegen entweder in Substratbehältern oder frei auf Rosten aus Glasstreifen oder Holz. Sie werden ähnlich wie die Landteile in Aquaterrarien auf Glasstreifen gelegt, die über dem Wasserspiegel an die Wände des Wasserbehälters geklebt sind.

Der Schutz vor Tropfwasser von der Deckscheibe des Inkubators ist nach den Erfahrungen mancher Züchter unwichtig, andere Meinungen gehen dahin, daß zumindest frei auf Rosten liegende Eier durch Abdeckung mit Filterpapierstreifen vor Wassertropfen geschützt werden sollten.

Die Temperaturen im Inkubator dürfen zwischen 22 und 30 °C schwanken, wobei das Mittel vorteilhafter der unteren Grenze näher sein sollte als der oberen. Temperaturkonstanz während der ganzen Zeit ist nicht erforderlich, da zumindest Schwankungen zwischen den Tages- und Nachttemperaturen den natürlichen Verhältnissen entsprechen. Die Beheizung des Inkubators erfolgt entweder nur durch das Wasserbad oder zusätzlich durch Glühlampen. Einfach und praktisch ist, den Inkubator auf Aquarien- oder Terrarienbeleuchtungskästen zu stellen, deren milde Wärmeabgabe vorher erprobt sein muß.

Nicht zu vergessen ist das regelmäßige mindestens tägliche Belüften des Inkubators. Noch besser sind Lüftungslöcher, die einen Ausgleich der erwärmten Luft ermöglichen, sie dürfen aber nicht zu groß sein. Keinesfalls darf sich in stickiger Luft Schimmel bilden können! Das mit dem Lüften verbundene rapide Absinken der hohen Luftfeuchte im Inkubator wirkt sich nicht schädlich aus, da während der längsten Zeit des Tages optimale Feuchtigkeitsverhältnisse garantiert sind. Die Zeitigungsdauer für die Eier ist artabhängig und außerdem direkt durch die Temperatur beeinflußt. Über die Daten informiert Tabelle 5 (S. 80).

Der Schlupf erfolgt meist in mehreren Etappen. Nachdem die Jungschildkröte mit Hilfe ihrer Eischwiele ein Loch in die Eierschale gebrochen hat, erweitert sie das Luftloch mit den Vordergliedmaßen. Gleichzeitig mit diesem Stunden bis Tage währenden Geschehens wird der Dotterrest aufgebraucht. Diese Phase des Schlupfes ist nur behutsam zu fördern (lediglich beim Aufbrechen des Luftloches nachhelfen), damit der Schildkröte Zeit für den anstrengenden „ersten Schritt ins Leben" bleibt.

Nach dem eigentlichen Ausschlüpfen, bei dem das Ei meist völlig zertrümmert wird, erfolgt eine Streckung des Panzers. Die Schildkröte ist nun länger und breiter als das Ei. Haften dem Jungtier noch Reste des Dottersackes an, so unternehmen wir am besten nichts, sondern halten das Tier nur unter keimarmen Bedingungen in einem sauberen kleinen Gefäß, dessen Bodengrund aus leicht auswechselbaren Fließpapierlagen besteht. Manche Züchter binden die Dottersackreste auch mit sterilisiertem Faden ab und schneiden sie ab (Abnabeln).

Versehentlich im Inkubator zerbrochene Eier mit bereits weit entwickelten Jungtieren lassen sich mitunter doch noch zum Abschluß der Entwicklung bringen. Die Jungtiere sind mit ihren großen Dottersäcken in flache Glasschalen zu bringen und mit physiologischer Kochsalzlösung (9 Gramm NACl in 1000 ml destilliertem Wasser) zu umgeben. Die Tiere sollen nur bis $^{2}/_{3}$ ihrer Höhe mit der Flüssigkeit bedeckt sein, um atmen zu können. Peinliche Sauberhaltung und Unterbringung der Brutschale im Inkubator versteht sich von selbst.

Die geschlüpften Jungschildkröten werden in den ersten Lebenswochen und -monaten in separaten Aufzuchtbehältern gepflegt, die Gemeinschaft mit größeren Artgenossen gefährdet die Jungtiere sehr. In großen Behältern entziehen sich die Jungtiere außerdem zu leicht der notwendigen täglichen Kontrolle. Die Aufzucht junger Schmuckschildkröten erfolgt am besten in nicht zu großen Aquarien mit Landteil. Wasserdurchlaufanlagen sind hier besonders vorteilhaft. Gute Erfahrungen machten viele Züchter auch mit Aufzuchtbecken, in denen reicher Grünalgen- und Pflanzenwuchs gedeiht und klares, manchmal auch kräftig grün gefärbtes Wasser entsteht. In solchen Becken, die sehr gut beleuchtet sein müssen, wachsen die jungen Schildkröten vortrefflich.

Grundlage der Aufzuchternährung sollten natürliche Futtertiere sein, die viel Kalk, Wirkstoffe und unverdauliche, aber für die Verdauung erforderliche Ballaststoffe mitbringen, also Daphnien, Bachflohkrebse, Garnelen, Insekten, später Jungmäuse, Regenwürmer, Schnecken, verschiedenste Wasserpflanzen und Blattgemüse. Ungefilterte Sonneneinstrahlung ist von großem Vorteil. Steht im Winter keine vielseitige Futterpalette zur Verfügung, so sollte besser die Temperatur gesenkt und weniger gefüttert werden, bzw. Winterruhe eingehalten werden, bis wieder ein vielseitiges Futterangebot vorhanden ist.

Das Vermeiden jeglicher rachitischer Störungen gelingt auch bei aller Umsicht nicht immer! Offensichtlich sind noch nicht alle Umstände ausreichend bekannt, die für ein ungestörtes Wachstum dieser Tiere verantwortlich sind. Wichtig ist bei allen Aufzuchten die Erfüllung sehr widersprüchlicher Forderungen: einerseits sollen natürliche Ruhepausen eingehalten bzw. nachgeahmt werden, andererseits muß der Pfleger bestrebt sein, die Geschlechtsreife und die damit verbundene minimale Erwachsenengröße innerhalb der dafür auch in der Natur zur Verfügung stehenden Zeit zu erreichen. Wird das Wachstum großwüchsiger Arten durch ungenügende Ernährung und zu niedrige Aufzuchttemperaturen so gebremst, daß die natürlichen Zuwachsraten im Jahr nicht erreicht werden, kommt es zur Verzwergung. Das bedeutet, daß die betroffenen Tiere den Rückstand nicht wieder aufholen und niemals die artcharakteristische Größe erreichen, also Zwerge bleiben. Häufig ist die Verzwergung mit Fettsucht und tiefgreifenden hormonellen Störungen verbunden, so daß diese Schildkröten auch noch zuchtunfähig sind.

## 5.7. Erkrankungen und ihre Behandlung

Importierte Schmuckschildkröten bringen häufig Parasiten aus der Natur mit (vgl. S. 86 ff.). Während der Parasitenbefall unter natürlichen Bedingungen nur selten lebensbedrohend für die Wirtstiere ist, kann er in Gefangenschaft durch Schwächung der Wirtstiere zur Katastrophe führen. Innenparasiten, vor allem Eingeweidewürmer, stellen ihre Aktivität während der langen Zeitspanne, die eine Schildkröte vom Fang bis zur endgültigen Übersiedlung in das Terrarium ihres Besitzers zubringt, nicht ein. Während die Schildkröte in dieser Zeit hungert, zehren die Parasiten von ihr. Daher ist der Kot neuerworbener Schildkröten, besonders abgemagerter und geschwächter Exemplare, auf Parasitenabgang zu kontrollieren. Die Kotprobe wird in ein Reagenzglas oder Tablettenröhrchen überführt, das einem Veterinärhygiene-Labor zur Untersuchung übergeben wird. Bei Wurm- und Amöbenbefall sind einschlägige Mittel der Veterinärmedizin anzuwenden. Die Medikamente können in der auf Säugetiere bezogenen Dosis, umgerechnet auf das Gewicht der Schildkröte, ohne Gefahr bis zum doppelten Quantum verabreicht werden. Infolge ihres langsameren Stoffwechsels reagieren Reptilien auf diese Quanten erfahrungsgemäß noch recht gut.

Verletzungen treten mitunter durch Beißereien (besonders in überbesetzten Schmuckschildkrötenbehältern) oder durch Unfälle auf. Gesunde Schildkröten sind gegenüber Verletzungen erstaunlich widerstandsfähig. So wurden wiederholt Schildkröten mit schweren Panzerverletzungen oder mit amputierten Gliedmaßen gefangen, die ohne jede Hilfe in der Natur geheilt waren.

Verletzte Tiere sollen lediglich gesäubert und bis zur Vernarbung ihrer frischen Wunden isoliert gehalten werden. Gliedmaßen- oder Panzerverletzungen lassen sich verhältnismäßig gut versorgen (pflastern oder besser mit Pflaster-Spray behandeln). Am besten geht die Heilung voran, wenn frische Luft an die Wunde kann und nur Verschmutzungen vermieden werden.

Geschwürige Wunden am Panzer und den Extremitäten können vor allem durch unsachgemäßen Transport in Holz- oder Blechkisten entstehen, in denen sich die Tiere wundscheuern. Stehende Nässe begünstigt die Vereiterung. Auch unsachgemäße Zwischenhälterung auf dem Handelsweg in schmutzigen Wasserbecken ohne Möglichkeit zum Abtrocknen oder gar Sonnen setzt den Schmuckschildkröten übel zu. Nässende eiternde Geschwüre am Panzer müssen herzhaft mit dem „Scharfen Löffel" und dem Skalpell ausgeräumt, angefaulte Zehen unter Preisgabe des Nagels amputiert werden. Mit solchen Anliegen ist der Tierarzt aufzusuchen, wenn selbst keine Erfahrung vorliegt und der Mut fehlt – aber bald, denn es ist schnell zu spät!

Die gesäuberten Wunden müssen abtrocknen. Entsprechende Puder (Penicillin-Puder u. a.) fördern den Vorgang. Die Schmuckschildkröten werden so lange absolut trockengehalten, bis das Nässen der Wunden behoben ist. Im Freiland- und auch im Zimmerterrarium ist zu beobachten, daß Tiere mit nässenden Wunden und Faulstellen im Panzer oft freiwillig so lange das Wasser und feuchte Umgebung meiden, bis die Wundheilung deutliche Fortschritte gemacht hat. Sie müssen aber täglich getränkt werden, wenn sie trocken sitzen. Das geht leicht durch geduldiges Eintauchen des Kopfes in sauberes Wasser.

Das Ablösen der dünnen Oberschicht der Schilder (Häutung) ist ein normaler Vorgang bei Schmuckschildkröten. Zu häufige Häutungen (vgl. S. 75) zeigen allerdings Störungen im Stoffwechsel an, die sich unter optimalen Haltungsbedingungen wieder ausgleichen. Lösen sich jedoch einzelne Schilder total ab und zeigen sich darunter Geschwüre, ist die Sache ernst. Schwammig-dicke Wucherungen solcher Schilder oder weißliche Verfärbung sind meist bakterielle Infektionen, die sich oft gut mit Antibiotika oder Sulfonamiden (beides rezeptpflichtig) behandeln lassen. Mitunter sind es auch Hautpilzinfektionen (Mykosen). Klarheit schafft nur eine Laboruntersuchung in der mikrobiologischen Abteilung einer Tierklinik. Dort kann auch der Einsatz des richtigen Medikaments entschieden werden.

Nach Marcus (1983) werden vor allem zwei wichtige Panzererkrankungen der Wasserschildkröten unterschieden.

Als erstes kommt die septikämisch ulzerierende Unterhautentzündung der Schildkröten (SUUE) in Frage. Sie wird nach Kaplan (1957) durch *Citrobacter freundi* verursacht. Zur Behandlung wird das Antibiotikum Chloramphenicol (8 mg/100 g Körpergewicht als Startdosis, dann eine Woche lang zweimal täglich die halbe Dosis, intramuskulär injiziert) eingesetzt.

Die zweite Panzerkrankheit wird als Panzerfraß oder Panzerfäule bezeichnet. Sie wird durch den Bazillus *Beneckea chitinivora* ausgelöst (Wallach 1976, 1977). Er tritt in der Regel gemeinsam mit dem Erreger der SUUE auf und läßt sich wie dieser erfolgreich mit Chloramphenicol bekämpfen. Beide Krankheiten sind ansteckend, weshalb befallene Tiere unbedingt separat gehalten werden sollen. Als Überträger kommen neben den erkrankten Schildkröten wahrscheinlich auch Süß- und Salzwasserkrebse in Betracht. Durch Verfüttern infizierter Krebse (erkenntlich an geschwürigen Schalendefekten) können beide Erreger eingeschleppt werden.

Abgelöste locker aufliegende Panzerschilder gestatten, daß sich unter ihnen Feuchtigkeit ansammelt, in der pathogene Mikroorganismen bestens geschützt gedeihen. Entzündungen des empfindlichen Gewebes unter dem Schild greifen bald auf den darunterliegenden Knochen über. Daher muß mit dem Skalpell jedes lose aufliegende Schild bündig abgeschnitten und der Entzündungsherd ausgeschabt werden. Haben sich bereits abgestorbene Nester im Knochen gebildet (erkennbar an der hellen Verfärbung, dem „toten Aussehen“ dieser Knochenteile und der Möglichkeit, sie an einer Stelle bereits abheben zu können), so müssen sie ebenfalls entfernt werden, damit sich das darunterliegende gesunde Gewebe unbeeinträchtigt entwickeln kann. Nur dann kann auch das Schild gut regenerieren. Schildkröten mit stark defekten „zerfressenen“ Panzern können nach dieser Behandlung im Verlaufe mehrerer Jahre wieder zu ansehnlichen Stücken werden. Es ist erstaunlich, wie groß die Regenerationsfähigkeit an Panzerknochenmaterial und Hornschildern ist.

Augenentzündungen sind leider keine seltene Erscheinung bei der Aufzucht juveniler Schildkröten. Sie treten aber gelegentlich auch bei erwachsenen Tieren auf. Häufig ist höhere Wasser- als Lufttemperatur die Ursache, oder es herrscht Zugluft. Behandelt wird mit Borwasser oder antimikrobiellen Augentropfen (z. B. Albucid, rezeptpflichtig). Zur Unterstützung werden die Patienten warm und bei hoher Luftfeuchte gehalten sowie mit Vitamin A, vermischt in Futtergelee, versorgt.

Auch Erkältungskrankheiten der Atemwege sind bei Wasserschildkröten leicht möglich. Die Ursachen können dieselben wie bei den Augenentzündungen sein. Häufig treten deshalb beide Krankheitsbilder gemeinsam auf. Im Freiland erkälten sich die Tiere leicht bei länger anhaltender feuchtkühler Witterung. Ständige Kontrolle in solchen Perioden, Beheizung oder zeitweilige Umsiedlung in Zimmerterrarien sind vorbeugende Maßnahmen. In leichten Erkältungsfällen hilft isolierte Haltung bei erhöhter Temperatur (ohne stärkere nächtliche Abkühlung) und gleichzeitiger hoher Luftfeuchtigkeit. Klingen dann Schnupfen und Atemnot nicht innerhalb von 3 bis 8 Tagen merklich ab, sollte der Tierarzt aufgesucht werden. Der Einsatz von Sulfonamiden oder Antibiotika (beides rezeptpflichtig) muß erwogen werden, ehe es zu spät ist. Je nach Verhalten der Schildkröte sollten die Medikamente oral (verpackt im Lieblingsfutter) oder durch Injektion appliziert werden.

Verdauungsstörungen, insbesondere durchfallartige Zustände, treten gelegentlich auf. Auch hier sind häufig Erkältungen die Ursache, besonders aber auch plötzlich absinkende Temperaturen, wenn Magen und Darm der Tiere gefüllt sind. Durch wärmere Unterbringung und Beimischen von Aktivkohle zum Mischfutter läßt sich der Kot meist rasch wieder normalisieren. Tritt nach spätestens acht Tagen keine Besserung ein, so ist der Weg zum Tierarzt unumgänglich. Eine Kotprobe sollte vorsorglich mitgenommen werden, falls eine Laboruntersuchung in einem Veterinärhygiene-Institut notwendig wird.

Über die Gefahren, die von den Schildkröten als Infektionsquelle für den Menschen, insbesondere den Schildkrötenpfleger, ausgehen können, gehen die Meinungen der Fachleute weit auseinander. Die einen lehnen Tierhaltung im menschlichen Wohnraum grundsätzlich ab und verpönen jeden nicht unumgänglichen Tierkontakt, während die anderen jede Gefahr negieren und hygienische Forderungen sträflich vernachlässigen. Tatsache ist, daß auch viele Schmuckschildkröten Träger und Ausscheider von Darmmikroben sind, die auch krankheitserregende (infektiöse) Stämme bilden, z. B. *Salmonella-* und *Arizona*-Bakterien. Inwieweit sie auf Säugetiere und den Menschen übertragbar sind, ist strittig. Allerdings vermuten L a m m und Mitarbeiter (1972), daß allein in den USA jährlich etwa 14 % der Salmonellose-Erkrankungen beim Menschen durch Schildkröten verursacht werden. Das betrifft konkret immerhin 280 000 Patienten! Untersuchungen von A l t m a n n und Mitarbeitern (1972) stellen besonders auffällige Beziehungen zwischen aufgetretener Salomonellose bei Kindern und dem Besitz von Schildkröten als Spieltiere fest. Das wurde in einer repräsentativen Untersuchung im US-Bundesstaat New Jersey ermittelt. Daraufhin verhängte die Regierung ein Verbot, Schildkröten unter 10 cm Panzerlänge und Schildkröteneier zu verkaufen. C o h e n und Mitarbeiter (1980) konnten anschließend einen deutlichen Rückgang der Salmonellen-Krankheitsfälle beim Menschen im Zusammenhang mit der Einschränkung des Schildkrötenhandels feststellen.

Die Infektionsrate der Schmuckschildkröten beträgt bereits bei Jungtieren häufig 25 bis 50 % des Bestandes. Die Ursache dafür liegt unter anderem darin, daß bereits die Eier infiziert sind. Das kann durch die für Bazillen permeable Eischale entweder schon im mütterlichen Körper oder im Boden am Eiablageplatz erfolgen. In der Regel sind die Legeplätze sowohl in der Natur als auch in den Turtle-Farmen stark keimhaltig. Die hohe Individuenzahl in den Behältern der Farmen und der nicht zu häufige Wasserwechsel begünstigt die Übertragung der Keime auf alle Tiere. Auch kommt die Verfütterung von Fleisch- und Fischabfällen der Salmonellenverseuchung entgegen, da derartiges Fleisch einen hervorragenden Keimboden für die Erreger darstellt.

Wie gesagt, zeigen die verseuchten Schildkröten gewöhnlich keinerlei Krankheitsanzeichen. Frühestens 12 Monate nach der Infektion können erste Krankheitszeichen auftreten, mitunter aber auch niemals. Solche äußerlich „gesunde" Tiere sind aber als Dauerausscheider eine ernste Gefahr für ihre Behältergenossen. Nur gestreßte Tiere (nach längerem Transport mit Wasserentzug, Unterbringung in schlechten Massenquartieren, ungünstiger Überwinterung) werden apathisch, bekommen Durchfall und stellen die Nahrungsaufnahme ein. Sicherheit über eine Infektion liefert nur die wiederholte bakteriologische Untersuchung in einem veterinärhygienischem Institut. Der Nachweis kann zu verschiedenen Zeiten sehr unterschiedlich ausfallen, da die Erreger im Organismus des Wirtstieres eine unterschiedliche Vermehrungsaktivität entwickeln. Als Untersuchungsgut bietet sich neben den Kotproben auch das Aquarienwasser aus dem Becken der Tiere an.

Als vorbeugende und heilende Maßnahmen empfiehlt Marcus (1983), zunächst Futterkonserven und Pellets anstelle von Naturfutter einzusetzen, da diese Futtermittel während ihrer Herstellung ausreichend sterilisiert werden. Zur Behandlung der Salmonellose der Schmuckschildkröten rät er nach Thorson (1974) ein Dauerbad in einer antibiotischen Lösung (200 mg Neomycin-Sulfid in 18 l Wasser). Bei einer Wassertemperatur von konstant 29,5 °C waren die Tiere nach 4 Tagen keimfrei. Bei niedrigen und schwankenden Temperaturen waren für den selben Erfolg doppelte Dosen des Medikaments und doppelte Dauerbadezeiten nötig. Weber (1973) machte eine sechstägige Kur, bei der 50 mg Oxytetracyclin/Tag abgeschluckt werden mußten. Die Verabfolgung der Kapseln mit dem Wirkstoff geschieht am besten in Lieblingsfutterbrocken verpackt. Außer den genannten Antibiotika werden noch Chloramphenicol und Ampicillin empfohlen. Sämtliche Antibiotika sind rezeptpflichtig und nur über die tierärztliche Verordnung zu beziehen. Als positives Behandlungsergebnis wird der negative Befund an drei in größeren Abständen (etwa 2 bis 3 Wochen) aufeinanderfolgenden Kotuntersuchungen gewertet. Mitunter muß die Behandlung mehrfach wiederholt werden.

Nach allem Gesagten sollte klar sein, daß Schmuckschildkröten niemals Kinderspieltiere sein dürfen. Sie gehören auch nicht zum Gaudi der Erwachsenen in Swimming-Pools, sondern lediglich in ihre speziellen Behälter. Einhaltung normaler Hygiene schließt gesundheitliche Gefahren für den Pfleger aus, und er wird viel Freude an den Schmuckschildkröten haben.

## 5.8. Lebenserwartung in Gefangenschaft

Schmuckschildkröten sind ausdauernde Pfleglinge. Folgende Lebensdauer wurde bekannt:
*Chrysemys picta:* 11 bis 20 Jahre in Gefangenschaft, über 40 Jahre im Freien
*Chrysemys scripta:* 25 bis 30 Jahre in Gefangenschaft, 50 bis 75 Jahre im Freien
*Chrysemys concinna:* 12,5 Jahre in Gefangenschaft.

## 6. Schmuckschildkröten in der Kultur der Indianer

In Religion und Mythologie der nordamerikanischen Indianer spielen die Schildkröten eine große Rolle. In Mittelamerika hingegen ist ihre kulturgeschichtliche Bedeutung zugunsten anderer Tiere (von den Reptilien vor allem der Schlangen) etwas geringer.

Viele nordamerikanische Stämme glauben, daß die Schildkröten über geheimnisvolle Kräfte verfügen. Aus dieser Kraft leitet sich auch der Respekt vor den Tieren ab. Beispielsweise nehmen die Delawaren an, daß die Schildkröte dem Menschen auch gefährlich werden könne und ihn zu verletzen vermag, wenn er ihren Unmut durch Beleidigungen verschuldet hat.

Schildkröten sind in den meisten indianischen Kulturen Symbol für Beharrlichkeit, langes Leben und die Fähigkeit, von schweren Wunden und Krankheit zu genesen. Hinter diesen Weisheiten verbirgt sich die genaue Kenntnis der Lebensgewohnheit dieser Tiere!

Besonders die im Mississippi-Gebiet lebenden Indianervölker beweisen den Schildkröten eine hohe Wertschätzung. Neben der praktischen Bedeutung, die die Schildkröten und vor allem ihre Eier auf dem Speisezettel mancher Stämme haben, genießen sie kultische Verehrung. Die Schildkröte gilt bei den Schildkröten-Klans als Totemtier. Ihr Name ist ehrenvoller Bestandteil indianischer Personennamen. Mitunter werden auch Schildkröten-Tänze gefeiert, bei denen die Panzer von Schmuckschildkröten als Rassel- oder Schlaginstrumente dienen können. Der kultische Inhalt der Schildkrötentänze bezieht sich auf die sexuelle Potenz der Tiere. Den Indianern ist wohlbekannt, welche eifrigen Liebhaber balzende Schildkröten-Männchen für ihre Weibchen sind. Genauso beeindruckt sind die Indianer auch von den Leistungen der Schildkröten-Weibchen, die jährlich mehrere große Gelege hervorbringen. Grund genug also, die Tiere als Fruchtbarkeitssymbol zu verehren!

Schmuckschildkröten-Panzer dienen den indianischen Medizinmännern mitunter als Gefäß für ihre geheimnisvollen „Medizinen" – ein Gemisch verschiedener Dinge, die als Talisman oder Fetisch dem Besitzer Gesundheit, Schutz und Kraft verleihen sollen.

Die Algonkin-Indianer erzählen viele Geschichten, in denen die Schildkröte mit allen möglichen anderen Tieren Wettläufe und -kämpfe durchführt, aus denen sie stets als Sieger hervorgeht. Die „listige, intelligente" Überlegenheit ist allerdings eine Fiktion, der die Grundlage in der Natur fehlt. Diese Überbewertung der geistigen Fähigkeiten der Schildkröten findet sich auch in ganz anderen Kulturkreisen wieder.

Einige Stämme, so die Irokesen und die Delawaren, messen den Schildkröten sogar kosmogonische Bedeutung bei. Ob diese mythische Überhöhung der Schildkröte aus der asiatischen Urheimat der Indianerbevölkerung Amerikas mitgebracht wurde, ist nicht sicher zu beweisen, erscheint aber durch die Parallelen zu asiatischen Kulturen wahrscheinlich. Die Mythen der Irokesen erzählen, daß die Erde auf dem Rücken einer riesigen Schildkröte ruhe, und daß das Schicksal der Erde von diesem Tier abhänge. Ganz ähnlich sehen die Delawaren den Ursprung der Erde: der Leib unserer Mutter, der Erde, werde von einer mächtigen Schildkröte getragen. Einst haben sich die Menschen auch auf den Rücken einer gewaltigen Schildkröte geflüchtet, als eine „Sintflut" hereinbrach. Dort waren sie sicher, das Meer konnte ihnen nichts anhaben, und die mächtige Schildkröte trug sie als unendlich große lebende Insel sicher durch den Ozean.

## 7. Danksagung

Herrn Wolfgang Leuck bin ich sehr zu Dank verpflichtet, daß er mit viel Mühe und großem Einfühlungsvermögen die grafischen Illustrationen für dieses Brehmheft gestaltete. Frau Ulrike Sacher danke ich für das Zeichnen der Verbreitungskarten. Die Herren Manfred Förster, Leipzig, René Honegger, Zürich, Andreas Nöllert, Holzendorf, Klaus Rudloff, Berlin und Erich Sochurek, Wien stellten mir großzügig viele interessante Fotos zur Verfügung, wofür ihnen ebenso Dank gebührt wie meiner langjährigen Mitarbeitern, Frau Barbara Heger, die mich genauso wie auch meine Frau bei der Literaturerfassung und -auswertung und beim Schreiben des Manuskripts unterstützte. Herr Dr. Hans-Günter Petzold, Berlin, förderte als Gutachter das Gedeihen des Manuskriptes. Nicht zuletzt bin ich dem bewährten Ziemsen-Verlag dankbar, daß das Thema „Schmuckschildkröten“ seine Aufmerksamkeit fand und dieser Brehmband in guter Ausstattung erscheinen konnte.

## 8. Bedeutung der wissenschaftlichen Bezeichnungen der hier als gültig erachteten Schmuckschildkröten-Taxa

In der Regel werden die Artnamen durch lateinische oder latinisierte Adjektive bezeichnet, die dem Geschlecht des Gattungsnamens angepaßt sind (z. B. *Chrysemys* (weibl.) *rugosa*, von lat. *rugosus* = rauh). Beziehen sich die Artnamen auf geografische Begriffe, so werden entweder klassische antike Bezeichnungen in latinisierter Form gewählt oder der neuzeitliche Begriff latinisiert (z. B. *suwanniensis* = vom Suwannee-River in Florida abgeleitet). Gehen die Artnamen auf Personen zurück, die damit geehrt werden sollen, so betrachtet man heute den Personennamen als ein „normales" lat. Substantiv männlichen Geschlechts und hängt ein Genitiv-I an (z. B. des Herrn Grant = granti). Nach dem klassischen Verfahren wurde der Name jedoch zuerst durch Anhängen der Endung -ius latinisiert und dann in den Genitiv versetzt, wodurch am Ende zweimal das I verursacht wurde (z. B. Bell → Bellius → *bellii*). Heute verzichtet man aus praktischen Gründen auf diese Umständlichkeit und führt die Namen auf die Ausgangsform zurück.

| | |
|---|---|
| *angusta* | lat. = schmal |
| *belli* | zu Ehren von Thomas Bell (1792–1880), einem englischen Mediziner, Zoologen und vergleichenden Anatomen |
| *bangsi* | zu Ehren von O. Bangs, amerikanischer Zoologe am Museum für vergleichende Zoologie der Harvard-Universität in Cambridge, Massachusetts. |
| *callirostris* | lat./griech. kallos = schön, lat. rostrum = der Schnabel; „die Schönschnäbelige" |
| *cataspila* | lat./griech. kata = nach unten gerichtet, lat. spilos = viele Flecke; bezüglich der Carapaxzeichnung |
| *Chrysemys* | lat./griech. chrysos = gold, lat./griech. emys = (Süß) Wasserschildkröte |
| *concinna* | lat. = zierlich, gefällig |
| *decorata* | lat. = geschmückt, verziert |
| *decussata* | lat. = gekreuzt |
| *dorbigni* | zu Ehren von Alcide d'Orbigny (1802–1857), einem französischen Zoologen und Geologen |
| *dorsalis* | lat. = auf dem Rücken befindlich, zum Rücken gehörig (der Längsstrich auf dem Carapax der Schildkröte) |
| *elegans* | lat. = zierlich, anmutig, elegant |
| *felis* | lat. = die Katze, für Cat Island, dem Areal der Schildkröte |
| *gaigeae* | zu Ehren von Helen T. Gaige, einer amerikanischen Herpetologin am Museum der Universität von Michigan. Sie sammelte das der Artbeschreibung zugrunde liegende erste Exemplar (Holotypus) |
| *granti* | zu Ehren von Major Chapman Grant (1887–1983), Offizier und bedeutender Herpetologe; Grant war ein hervorragender Kenner der karibischen Herpetofauna |
| *grayi* | zu Ehren von John Edward Gray (1800–1875), Herpetologe am Britischen Museum zu London; gilt als „Vater der Schildkrötenkunde", da sein publizierter Schildkröten-Katalog des Museums lange Zeit das wichtigste Fachbuch des Spezialgebiets war |
| *hartwegi* | zu Ehren von Norman Hartweg (1904–1964), einem amerikanischen Herpetologen am Museum der Universität von Michigan, er war Nachfolger von Helen Gaige, seine Verdienste um die Erforschung der *Ch. scripta*-Unterarten wurden damit gewürdigt |

| | |
|---|---|
| *hieroglyphica* | lat. = geritzt, eingraviert, hier für die hieroglyphenartige Carapaxzeichnung gewählt |
| *hiltoni* | zu Ehren des Amerikaners John W. Hilton, der die der Artbeschreibung zugrunde liegenden ersten Exemplare (Typen-Serie) sammelte |
| *hoyi* | zu Ehren von Philo R. Hoy (1816–1892), einem amerikanischen Arzt und nebenberuflichem Zoologen |
| *malonei* | zu Ehren von J. V. Malone, dem Kommissar von Great Inagua (ranghöchster britischer Kolonialbeamter der Insel) |
| *marginata* | lat. = umrandet, gerandet; nach den Zeichnungselementen auf den Randschildern, den Marginalien |
| *mobilensis* | lat. = beweglich, schnell, gewandt |
| *nebulosa* | lat. = nebelig, verwaschen, schlecht erkennbar (bezogen auf die Carapaxzeichnung) |
| *nelsoni* | zu Ehren von Edward W. Nelson (1855–1934), einem amerikanischen Feldzoologen und Sammler für verschiedene Museen |
| *ornata* | lat. = geschmückt |
| *peninsularis* | lat./engl. peninsular = Halbinselbewohner |
| *picta* | lat. = gemalt, farbenprächtig |
| *plana* | lat. = flach, ebenmäßig, glatt |
| *Pseudemys* | lat./griech. pseudos = falsch, irrtümlich, lat./griech. emys = (Süß) Wasserschildkröte |
| *rubriventris* | lat. = rotbäuchig |
| *rugosa* | lat. = runzlig, rauh |
| *scripta* | lat. = ursprünglich „mit Linien versehen", dann für „geschrieben" (Buchstaben-Schmuckschildkröte) |
| *stejnegeri* | zu Ehren von Leonhard Stejneger (1851–1943), einem amerikanischen Herpetologen und Mediziner norwegischer Abstammung; er arbeitete u. a. auch über die Herpetofauna Porto Ricos |
| *suwanniensis* | nach dem Suwannee-River in Florida, dem Areal der Schildkröte |
| *taylori* | zu Ehren von Edward H. Taylor (1889–1978), einem amerikanischen Herpetologen am Museum für Naturgeschichte der Universität von Kansas; er erwarb sich u. a. große Verdienste um die Erforschung der mexikanischen Herpetofauna |
| *terrapen* | lat., verstümmelt = soviel wie „auch auf der Erde lebend", nicht nur im Wasser |
| *texana* | nach Texas, dem Hauptteil des Areals der Schildkröte |
| *Trachemys* | lat./griech. trachys = gedrungen, oder auch behaart, lat./griech. emys = (Süß) Wasserschildkröte |
| *troosti* | zu Ehren von Gerard Troost (1776–1850), einem amerikanischen Naturforscher universeller Prägung; Troost stammte aus den Niederlanden |
| *venusta* | lat. = der Venus ähnlich (als Ausdruck besonderer Schönheit) |
| *vicina* | lat. = benachbart |
| *yaquia* | zu Ehren des Stammes der Yaqui-Indianer, in deren Territorium das Areal der Schildkröte liegt |

## 9. Liste wissenschaftlicher Namen von Schmuckschildkröten aus älterer Literatur

Um den Benutzern der Originalliteraturquellen die Orientierung zu erleichtern, werden die wichtigsten Namen aufgelistet. Es handelt sich dabei um die größtenteils unter anderen Gattungsnamen erfolgten Originalbeschreibungen oder andere Namenskombinationen bzw. neugebildete Begriffe, die hier als Synonyme aufgeführt und zugeordnet werden. Ältere Autoren, die völlig dem hier verwendeten Konzept gleiche oder nur hinsichtlich der Gattungsbezeichnung *Chrysemys-Pseudemys* abweichende Namenskombinationen anwendeten, können aus Platzgründen nur im Fall des ersten, ältesten Auftretens dieser Kombination zitiert werden.

Neben der eingangs erwähnten Orientierungshilfe gibt die Liste der Synonyme aber auch einen Einblick in den historischen Ablauf der systematischen Forschung.

*Callichelys* Gray, 1863
= synonym zu *Chrysemys* Gray, 1844

*Chrysema* Rhodes, 1966
= synonym zu *Chrysemys* Gray, 1844

*Chrysemis* Battersby, 1956 (als Druckfehler entstandener „neuer" Name)
= synonym zu *Chrysemys* Gray, 1844

*Chrysemys* Gray, 1844
= 1. gültige Gattungsbezeichnung der im weiten Sinne (sensu lato) betrachteten Gattung Schmuckschildkröten
2. gültige Bezeichnung einer Untergattung zur Gattung *Chrysemys* Gray, 1844 (im engeren Sinne, sensu strictu, angewendeter Begriff)

*Chrysemys astrei* Bergounioux, 1935
= fossile Art, unsichere Zuordnung zur Gattung *Chrysemys*

*Chrysemys bisbalensis* Bergounioux, 1935
= fossile Art, unsichere Zuordnung zur Gattung *Chrysemys*

*Chrysemys carri* Rose u. Weaver, 1967
= fossile Art von *Chrysemys*

*Chrysemys cinerea* Boulenger, 1889
= synonym zu *Ch. picta* (Schneider, 1783)

*Chrysemys cinerea* var. *bellii* Boulenger, 1889
= synonym zu *Ch. picta belli* (Gray, 1831)

*Chrysemys cinerea* var. *dorsalis* Boulenger, 1889
= synonym zu *Ch. picta dorsalis* Agassiz, 1857

*Chrysemys dorbignyi* Boulenger, 1889
= synonym zu *Ch. scripta dorbigni* (Dumeril u. Bibron, 1835)

*Chrysemys dorsalis* Agassiz, 1857
= Originalbeschreibung zu *Ch. picta dorsalis* Agassiz, 1857

*Chrysemys extincta* Hay, 1908
= fossile Art

*Chrysemys germanica* (Hummel 1935)
= fossile Art aus Europa (nach Mlynarski 1976)

*Chrysemys grayi* Boulenger, 1889
= synonym zu *Ch. scripta grayi* (Bocourt, 1868)

*Chrysemys hieroglyphica* Boulenger, 1889
= synonym zu *Ch. concinna hieroglyphica* (Holbrook, 1836)

*Chrysemys inornata* Loomis, 1904
= fossile Art von *Chrysemys*

*Chrysemys marginata* Agassiz, 1857
= Originalbeschreibung zu *Ch. picta marginata* Agassiz, 1857

*Chrysemys mobiliensis* Boulenger, 1889
= synonym zu *Ch. concinna mobilensis* (Holbrook, 1838)

*Chrysemys nebulosa* Van Denburgh, 1895
= Originalbeschreibung zu *Ch. scripta nebulosa* Van Denburgh, 1895

*Chrysemys nuttallii* Agassiz, 1857
= synonym zu *Ch. picta belli* (Gray, 1831)

*Chrysemys ornata* var. *callirostris* Boulenger, 1889
= synonym zu *Ch. scripta callirostris* (Gray, 1855)

*Chrysemys ornata* var. *cataspila* Boulenger, 1889
= synonym zu *Ch. scripta cataspila* (Günther, 1885)

*Chrysemys picta bellii* Bishop u. K. P. Schmidt, 1931
= synonym, ältestes Zitat der Kombination *Ch. picta belli* (Gray, 1831)

*Chrysemys picta dorsalis* Bishop u. K. P. Schmidt, 1931
= synonym, ältestes Zitat der Kombination *Ch. picta dorsalis* Agassiz, 1857

*Chrysemys picta marginata* Bishop u. K. P. Schmidt, 1931
= synonym, ältestes Zitat der Kombination *Ch. picta marginata* Agassiz, 1857

*Chrysemys picta picta* Bishop u. K. P. Schmidt, 1931
= synonym, ältestes Zitat der Kombination *Ch. picta picta* (Schneider, 1773)

*Chrysemys pulchra* Gray, 1873
= synonym zu *Ch. picta belli* (Gray, 1831)

*Chrysemys reticulata* Boulenger, 1889
= synonym zu *Deirochelys reticularia* (Latreille, 1801)

*Chrysemys rubriventris* Boulenger, 1889
= synonym zu *Ch. rubriventris* (Le Conte, 1830)

*Chrysemys scripta* var. *elegans* Boulenger, 1889
= synonym, ältestes Zitat der Kombination *Ch. scripta elegens* (Wied, 1839)

*Chrysemys scripta* var. *rugosa* Boulenger, 1889
= synonym zu *Ch. terrapen* (Lacépède, 1788)

*Chrysemys testudiniformis* (Owen, 1844)
= fossile Art, unsichere Zuordnung

*Chrysemys timida* Hay, 1908
= fossile Art der Gattung *Chrysemys*

*Chrysemys treleasei* Hurter, 1911
= synonym zu *Ch. picta belli* (Gray, 1831)

*Chrysemys troostii* Boulenger, 1889
= synonym zu *Ch. scripta troosti* (Holbrook, 1836)

*Chrysemys williamsi*
= fossile Art

*Chrysemys wyomingensis* Hay, 1904
= fossile Art, die nicht mehr zu *Chrysemys* gehört

*Emys annulifera* Gray, 1831
= synonym zu *Ch. concinna* (Le Conte, 1830)

*Emys bellii* Gray 1831
= Originalbeschreibung zu *Ch. picta belli* (Gray, 1831)

*Emys callirostris* Gray, 1855
= Originalbeschreibung zu *Ch. scripta callirostris* (Gray, 1855)

*Emys cataspila* Günther, 1885
= Originalbeschreibung zu *Ch. scripta cataspila* (Günther, 1885)

*Emys cumberlandensis* Holbrook 1840
= synonym zu *Ch. scripta troosti* (Holbrook, 1836)

*Emys decussta* Gray, 1831
= Originalbeschreibung zu *Ch. terrapen decussata* (Gray, 1831)

*Emys dorbigni* Dumeril u. Bibron, 1835
= Originalbeschreibung zu *Ch. scripta dorbigni* (D. u. B., 1835)

*Emys elegans* Wied, 1839
= Originalbeschreibung zu *Ch. scripta elegans* (Wied, 1839)

*Emys euglypha* Leidy, 1889
= fossile Art von *Chrysemys*

*Emys gnatho* Vilaró, 1868
= synonym zu *Ch. terrapen* (Lacépède, 1788)

*Emys grayi* Bocourt, 1868
= Originalbeschreibung zu *Ch. scripta grayi* (Bocourt, 1868)

*Emys hieroglyphica* Holbrook, 1836
= Originalbeschreibung zu *Ch. concinna hieroglyphica* (Holbrook, 1836)

*Emys holbrooki* Gray, 1844
= synonym zu *Ch. scripta elegans* (Wied, 1839)

*Emys irrigata* Bell, 1835
= synonym zu *Ch. rubriventris* (Le Conte, 1830)

*Emys jamao* Dumeril, 1861
= synonym zu *Ch. terrapen* (Lacépède, 1788)

*Emys labyrinthica* Dumeril, Bibron u. Dumeril, 1851
= synonym zu *Ch. concinna hieroglyphica* (Holbrook, 1836)

*Emys mobilensis* Holbrook, 1838
= Originalbeschreibung zu *Ch. concinna mobilensis* (Holbrook, 1838)

*Emys olivacea* Gray, 1855
= synonym zu *Ch. terrapen stejnegeri* (Schmidt, 1928)

*Emys oregonensis* Harlan, 1937
= synonym zu *Ch. picta belli* (Gray, 1831)

*Emys ornata* Gray, 1831
= Originalbeschreibung zu *Ch. scripta ornata* (Gray, 1831)

*Emys orthonyx* Wied, 1865
= synonym zu *Ch. concinna mobilensis* (Holbrook, 1838)

*Emys petrolei* Leidy, 1868
= fossile Art von *Chrysemys*

*Emys rivulata* Gray, 1844
= synonym zu *Ch. rubriventris* (Le Conte, 1830)

*Emys rugosa* var. *livida* Gray, 1831
= synonym zu *Ch. terrapen* (Lacépède, 1788)

*Emys salvini* Günther, 1855
= synonym zu *Ch. scripta venusta* (Gray, 1855)

*Emys sanguinolenta* Gray, 1855
= synonym zu *Ch. scripta elegans* (Wied, 1839)

*Emys troostii* Holbrook, 1836
= Originalbeschreibung zu *Ch. scripta troosti* (Holbrook, 1836)

*Emys umbra* Bocourt, 1876
= synonym zu *Ch. scripta grayi* (Bocourt, 1868)

*Emys valida* Le Conte, 1860
= synonym zu *Ch. scripta venusta* (Gray, 1855)

*Emys ventricosa* Gray, 1853
= synonym zu *Ch. scripta cataspila* (Günther, 1885)

*Emys venusta* Gray, 1855
= Originalbeschreibung zu *Ch. scripta venusta* (Gray, 1855)

*Emys vermiculata* Gray, 1844
= synonym zu *Ch. terrapen* (Lacépède, 1788)

*Ocadia germanica* Hummel, 1935
= synonym zu *Chrysemys germanica* (Hummel, 1935), fossile Art aus Europa (nach M l y n a r s k i 1976)

*Pseudemys* Gray, 1855
= synonym zu *Chrysemys* Gray, 1844 (sensu lato, im weiten Sinne, als Gattung aufgefaßt)
= gültige Untergattungsbezeichnung zur Gattung *Chrysemys* (sensu strictu, im engeren Sinne, aufgefaßt)

*Pseudemys alabamensis* Baur, 1893
= Originalbeschreibung von *Ch. rubriventris alabamensis* (Baur, 1893)

*Pseudemys bisornatus* Cope, 1878
= fossile Art der Gattung *Chrysemys*

*Pseudemys caelata* Hay, 1908
= fossile Art der Gattung *Chrysemys*

*Pseudemys concinna* Gray, 1855
= synonym zu *Ch. concinna* (Le Conte, 1830)

*Pseudemys concinna hiltoni* Wermuth u. Mertens, 1961, 1977
= synonym zu *Ch. scripta hiltoni* (Carr, 1942)

*Pseudemys callirostris* Cope, 1887
= synonym zu *Ch. scripta callirostris* (Gray, 1855)

*Pseudemys concinna mobilensis* Stejneger u. Barbour, 1939
= synonym zu *Ch. concinna mobilensis* (Holbrook, 1838)

*Pseudemys concinna suwanniensis* Stejneger u. Barbour, 1939
= synonym zu *Ch. concinna suwanniensis* (Carr, 1937)

*Pseudemys concinna texana* Conant, 1958
= synonym zu *Ch. concinna texana* (Baur, 1893)

*Pseudemys decorata* Barbour u. Carr, 1940
= Originalbeschreibung zu *Ch. terrapen decorata* (Barbour u. Carr, 1940)

*Pseudemys decussata angusta* Barbour u. Carr, 1940
= Originalbeschreibung zu *Ch. terrapen angusta* (Barbour u. Carr, 1940)

*Pseudemys decussata plana* Barbour u. Carr, 1940
= Originalbeschreibung zu *Ch. terrapen plana* (Barbour u. Carr, 1940)

*Pseudemys dorbigni* Mertens, L. Müller u. Rust, 1934
= synonym zu *Ch. scripta dorbigni* (Dumeril u. Bibron, 1835)

*Pseudemys dorbignyi brasiliensis* Freiberg, 1969
= Originalbeschreibung zu *Ch. scripta brasiliensis* (Freiberg, 1969)

*Pseudemys dorbnyi dorbignyi* Freiberg, 1969
= synonym zu *Ch. scripta dorbigni* (Dumeril u. Bibron, 1835)

*Pseudemys elonae* Brimley, 1928
= synonym zu *Ch. concinna* (Le Conte, 1830)

*Pseudemys extincta* Hay, 1908
= fossile Art der Gattung *Chrysemys*

*Pseudemys felis* Barbour, 1935
= Originalbeschreibung zu *Ch. terrapen felis* (Barbour, 1935)

*Pseudemys floridana* Baur, 1893
= synonym zu *Ch. floridana* (Le Conte, 1830)

*Pseudemys floridana hoyi* Carr, 1952
= synonym zu *Ch. floridana hoyi* (Agassiz, 1857)

*Pseudemys floridana peninsularis* Carr, 1938
= Originalbeschreibung zu *Ch. floridana peninsularis* (Carr, 1938)

*Pseudemys floridana suwanniensis* Carr, 1937
= Originalbeschreibung zu *Ch. concinna suwanniensis* (Carr, 1937)

*Pseudemys granti* Barbour u. Carr, 1941
= Originalbeschreibung zu *Ch. terrapen granti* (Barbour u. Carr, 1941)

*Pseudemys grayi* Carr, 1938
= synonym zu *Ch. scripta grayi* (Bocourt, 1868)

*Pseudemys hilli* Cope, 1878
= fossile Art der Gattung *Chrysemys*

*Pseudemys idahoensis* Gilmore, 1933
= fossile Art, unsicherer Gattungszuordnung *(Graptemys?)*

*Pseudemys malonei* Barbour u. Carr, 1938
= Originalbeschreibung zu *Ch. terrapen malonei* (Barbour u. Carr, 1938)

*Pseudemys nelsoni* Carr, 1938
= Originalbeschreibung zu *Ch. rubriventris nelsoni* (Carr, 1938)

*Pseudemys ornata* Cope, 1876
= synonym zu *Ch. scripta ornata* (Gray, 1831)

*Pseudemys ornata callirostris* Wermuth u. Mertens, 1961
= synonym zu *Ch. scripta callirostris* (Gray, 1855)

*Pseudemys ornata nebulosa* Stejneger u. Barbour, 1917
= synonym zu *Ch. scripta nebulosa* Van Denburgh, 1895

*Pseudemys ornata ornata* Mertens, L. Müller u. Rust, 1934
= synonym zu *Ch. scripta ornata* (Gray, 1831)

*Pseudemys palustris* (shaw)
= siehe *Testudo palustris*

*Pseudemys rubriventris* Jordan, 1899
= synonym zu *Ch. rubriventris* (Le Conte, 1830)

*Pseudemys rubriventris alabamensis* Wermuth u. Mertens, 1961
= synonym zu *Ch. rubriventris alabamensis* (Baur, 1893)

*Pseudemys rubriventris bangsi* Babcock, 1937
= Originalbeschreibung zu *Ch. rubriventris bangsi* (Babcock, 1937)

*Pseudemys rubriventris nelsoni* Mertens 1951
= synonym zu *Ch. rubriventris nelsoni* (Carr, 1938)

*Pseudemys rubriventris rubriventris* Babcock, 1937
= synonym zu *Ch. rubriventris rubriventris* (Le Conte, 1830)

*Pseudemys rugosa rugosa* Mittleman, 1947
= synonym zu *Ch. terrapen decussata* (Gray, 1831)

*Pseudemys scripta* Jordan, 1899
= Synonym zu *Ch. scripta scripta* (Schoepff, 1792)

*Pseudemys scripta elegans* Cagle, 1944
= synonym zu *Ch. scripta elegans* (Wied, 1839)

*Pseudemys scripta gaigeae* Hartweg, 1939
= Originalbeschreibung zu *Ch. scripta gaigeae* (Hartweg, 1939)

*Pseudemys scripta hartwegi* Legler, 1971
= Originalbeschreibung, aber unveröffentlicht, daher ungültiger Name (nomen nudum) für eine Unterart zu *Ch. scripta*

*Pseudemys scripta hiltoni* Carr, 1942
= Originalbeschreibung zu *Ch. scripta hiltoni* (Carr, 1942)

*Pseudemys scripta scripta* Carr, 1937
= synonym zu *Ch. scripta scripta* (Schoepff, 1792)

*Pseudemys scripta taylori* Legler, 1960
= Originalbeschreibung zu *Ch. scripta taylori* (Legler, 1960)
*Pseudemys scripta troostii* Carr, 1937
= synonym zu *Ch. scripta troostii* (Holbrook, 1836)
*Pseudemys scripta yaquia* Legler u. Webb, 1970
= Originalbeschreibung zu *Ch. scripta yaquia* (Legler u. Webb, 1870)
*Pseudemys stejnegeri* K. P. Schmidt, 1928
= Originalbeschreibung zu *Ch. terrapen stejnegeri* (Schmidt, 1928)
*Pseudemys stejnegeri stejnegeri* Barbour u. Carr, 1940
= synonym zu *Ch. terrapen stejnegeri* (Schmidt, 1928)
*Pseudemys stejnegeri vicina* Barbour u. Carr, 1940
= Originalbeschreibung zu *Ch. terrapen vicina* (Barbour u. Carr, 1940)
*Pseudemys terrapen* Barbour u. Carr, 1940
= synonym zu *Ch. terrapen* (Lacépède, 1788)
*Pseudemys terrapen decorata* Mertens u. Wermuth 1955
= synonym zu *Ch. terrapen decorata* (Barbour u. Carr, 1940)
*Pseudemys terrapen decussata* Mertens u. Wermuth, 1955
= synonym zu *Ch. terrapen decussata* (Gray, 1831)
*Pseudemys terrapen granti* Mertens u. Wermuth 1955
= synonym zu *Ch. terrapen granti* Mertens u. Wermuth, 1955
*Pseudemys terrapen malonei* Mertens u. Wermuth 1955
= synonym zu *Ch. terrapen malonei* (Barbour u. Carr, 1938)
*Pseudemys terrapen rugosa* Wermuth u. Mertens, 1961
= synonym zu *Ch. terrapen decussata* (Gray, 1831)
*Pseudemys terrapen stejnegeri* Mertens u. Wermuth, 1955
= synonym zu *Ch. terrapen stejnegeri* (Schmidt, 1928)
*Pseudemys terrapen terrapen* Mertens u. Wermuth, 1955
= synonym zu *Ch. terrapen terrapen* (Lacépède, 1788)
*Pseudemys terrapen vicina* Mertens u. Wermuth, 1955
= synonym zu *Ch. terrapen vicina* (Barbour u. Carr, 1940)
*Pseudemys texana* Baur, 1893
= Originalbeschreibung zu *Ch. concinna texana* (Baur, 1893)
*Pseudemys vioscana* Brimley, 1928
= synonym zu *Ch. concinna mobilensis* (Holbrook, 1838)
*Pseudemys virginica* Pasteels, 1957
= synonym zu *Ch. floridana floridana* (Le Conte, 1830)
*Ptychemys* Agassiz 1857
= Synonym zu *Chrysemys* Gray, 1844
*Ptychemys hoyi* Agassiz, 1857
= Originalbeschreibung zu *Ch. floridana hoyi* (Agassiz, 1857)

*Redamia* Gray, 1870
= synonym zu *Chrysemys* Gray, 1844

*Testudo cinerea* Bonnaterre, 1789
= synonym zu *Ch. picta* (Schneider 1773)
*Testudo concinna* Le Conte, 1830
= Originalbeschreibung zu *Ch. concinna* (Le Conte, 1830)
*Testudo fasciata* Suckow, 1798
= synonym zu *Ch. terrapen* (Lacépède, 1788)
*Testudo floridana* Le Conte, 1830
= Originalbeschreibung zu *Ch. floridana* (Le Conte, 1830)
*Testudo palustris* Gmelin, 1789
= synonym zu *Chrysemys terrapen* (Lacépède, 1788)
*Testudo picta* Schneider, 1773
= Originalbeschreibung zu *Ch. picta* (Schneider, 1773)
*Testudo rubriventris* Le Conte, 1830
= Originalbeschreibung zu *Ch. rubriventris* (Le Conte, 1830)
*Testudo rugosa* Shaw, 1802
= synonym zu *Ch. terrapen decussata* (Gray, 1831)
*Testudo scripta* Schoepff, 1792
= Originalbeschreibung zu *Ch. scripta* (Schoepff, 1792)

*Testudo serrata* Daudin, 1802
= synonym zu
*Ch. scripta* (Schoepff, 1792)

*Testudo terrapen* Lacépède, 1788
= Originalbeschreibung zu *Ch. terrapen* (Lacépède, 1788)

*Trachemys* Agassiz, 1857
1. = synonym zu *Chrysemys* Gray, 1844, u. *Pseudemys* Gray, 1855 (im weiteren Sinne gefaßt)
2. = gültige Untergattungsbezeichnung zu *Chrysemys* Gray, 1844

*Trachemys jarmani* Hay, 1908
= fossile Art der Gattung *Chrysemys*

*Trachemys lineata* Gray, 1873
= synonym zu *Ch. scripta elegans* (Wied, 1839)

*Trachemys sculpta* Hay, 1908
= fossile Art der Gattung *Chrysemys*

*Trachemys trulla* Hay, 1908
= fossile Art der Gattung *Chrysemys*

## 10. Literaturnachweis

### 10.1. Monographien


Bojanus, F. L. (1819–1821): Anatomae Testudinis Europaeae. Vilnius. Facsimile Reprint SSAR 1970 No. 26, 178 S.

Carr, A. (1952): Handbook of Turtles. Ithaca u. London, 542 S. (unveränderte Nachauflagen 1960, 1963, 1966, 1967, 1969, 1973)

Ernst, C. H., u. R. W. Barbour (1972): Turtles of the United States. Kentucky, 347 S.

Harless, M., u. H. Morlock (1979): Turtles, Perspectives and Research. New York etc., 659 S.

Marcus, L. C. (1983): Amphibien und Reptilien im Heim, Labor und Zoo. Stuttgart, 184 S.

Mlynarski, M. (1976): Handbuch der Päläoherpetologie, T. 7, Testudines. Stuttgart u. New York, 129 S.

Obst, F. J. (1985): Die Welt der Schildkröten. Leipzig, 226 S.

Pope, C. H. (1939): Turtles of the United States and Canada. New York u. London, 343 S.

Pritchard, P. C. H. (1979): Encyclopedia of turtles. Neptune, N. I., USA, 895 S.

Reichenbach-Klinke, H.-H. (1977): Krankheiten der Reptilien. Jena, 228 S.

Smith, H. M., u. R. B. Smith (1979): Synopsis of the herpetofauna of Mexiko. Bd. 6, Guide to Mexican turtles. North Bennington, USA, 1044 S.

Wermuth, H., u. R. Mertens (1961): Schildkröten – Krokodile – Brückenechsen. Jena, 422 S.

–, – (1977): Liste der rezenten Amphibien und Reptilien, Testudines, Crocodylia, Rhynchocephalia. In: Das Tierreich, Lfg. 100. Berlin u. New York, 174 S.

Zappalorti, R. T. (1976): The amateur zoologist's guide to turtles and crocodilians. Harrisbury, USA, 208 S.


### 10.2. Spezielle Arbeiten


Allen, B. M. (1906): The orign of sex cells of *Chrysemys*. - Anat. Anz. 29, S. 217–236; Allen, E. R. (1950): Sounds produced by the Suwannee terrapin *(Pseudemys floridana suwanniensis)*. - Copeia, S. 62; Altmann, R. et al. (1972): Turtle-associated salmonellosis: II. The relationship of pet turtles to salmonellosis in children in New Jersey. - Amer. J. Epidemiol. 95, S. 518–520; Anonym (1975): Ban on sale and distribution of small turtles. - Fed. Reg. 40, S. 22 543–22 546; Armington, J. C. (1954): Spectral sensitivity of the turtle, *Pseudemys*. - J. Comp. Physiol. Psychl. 47, S. 1–6; Auth, D. L. (1975): Behavioral ecology of basking in the Yellow-bellied turtle, *Chrysemys scripta scripta* (Schoepff). - Bull. Florida State Mus. Biol. Sci. 20, S. 1–45.

Babcock, H. L. (1937): A new subspecies of the Red-bellied terrapin. *Pseudemys rubriventris* (Le Conte). - Occ. Papers Boston Soc. 8, S. 293–294; Baldwin, F. M. (1925): The relation of body to environmental temperatures in turtles, *Chrysemys marginata belli* (Gray) and *Chelydra serpentina* (Linn.). - Biol. Bull. 48, S. 432–445; Ballasina, D. u. R. (1981): Ervaringen met de roodwangschildpad (*Chrysemys scripta elegans*). - Lacerta 39 (10), S. 150–160; dgl. (1984): Haltung und Zucht von Rotwangen-Schmuckschildkröten. Beobachtungen und Erfahrungen aus acht Jahren. - Aquar./Terrar., Berlin/Leipzig, 31 (6), 208–211, (7) 246–248, (8) 281–283; Barbour, T., u. A. F. Carr, Jr. (1940): Antillean terrapins. - Mem. Mus. Harvard 54, S. 381 to 413; Baumann, T. W. (1966): A study of brain and cervical spinal cord in *Chrysemys picta.* Diss. St. Louis-University, USA; Bayless, L. E. (1975): Population parameters for *Chrysemys picta* in a New York pond. - Amer. Midland. Natural, 93, S. 168–176; Belkin, D. A. (1962): Anaerobiosis in diving turtles. - Physiolog. 5, S. 105; dgl. (1964): Variations in heart rate during voluntary diving in the turtle *Pseudemys concinna.* - Copeia, S. 321–330; Bider, J. R., u. W. Hoek (1971): An efficient and apparantly unbiased sampling technique for population studies of Painted turtles. - Herpetol. 27, S. 481–484; Bishop, S., u. F. J. Schmidt (1931): The Painted turtles of the genus *Chrysemys.* - Field Mus. Nat. Hist. Chicago 293 (18), S. 123–139; Boycott, B. B., u. R. W. Guillery (1962): Olfactory and visual learning in the Redeared terrapin, *Pseudemys scripta elegans* (Wied.). - J. exp. Biol. Edinburgh 39, S. 567 to 577; Boyer, D. R. (1965): Ecology of the basking habit in turtles. - Ecology 46, S. 99–118; Brady, A. J., u. Ch. Dubkin (1964): Coronary circulation in the turtle ventricle. - Comp. Biochem. Physiol. 13, S. 119–128; Breitenbach, G. L., J. D. Congdon, u. R. C. van Loben Sels (1984): Winter temperatures of *Chrysemys picta* nests in Michigan: Effects on hatchlings survival. - Herpetol. 40 (1), S. 76–81; Brett, W. J. (1971): Persistent rhythms of locomotion activity in the turtle *Pseudemys scripta.* - Comb. Biochem. Physiol. A 40, S. 925–934; Brimley, C. S. (1907): Notes on some turtles of the genus *Pseudemys.* - J. Elisha Mitch. Soc., June, S. 76–85; dgl. (1928): Two new terrapins of the genus *Pseudemys* from the southern states. - ebd. 44, S. 66 to 69; Bull, J. J. (1980): Sex determination in reptiles. Quart. Rev. Biol. 55, S. 3 to 21; dgl., R. C. Vogt, u. C. J. McCoy (1981): Sex determining temperatures in turtles: a geographic comparison. - Evolution 36 (2), S. 326–332; dgl. (1981): Temperature-sensitive periods of sex determination in emydid turtles. - J. Exp. Zool. 218, S. 435–440; dgl., dgl., u. M. G. Bulmer (1982): Heritability of sex ratio in turtles with environmental sex determination. - ebd. 36 (2), S. 333–341; Burger, J. W. (1937): Experimental sexual photoperiodicity in the male turtle, *Pseudemys elegans* (Wied.). - Amer. Natural. 71, S. 481–487; Butler, D. G. (1972): Antidiuretic effect of arginine vasotocin in the Western painted turtle, *Chrysemys picta belli.* - Gen. Comp. Endocr. 18, S. 121–125; dgl., u. W. H. Knox (1970): Adrenalectomy of the Painted turtle (*Chrysemys picta belli*): Effect of ionoregulation and tissue glycogen. - 14, S. 551–566; dgl. (1972): Effect of hypophysectomy on renal function in the Western painted turtle, *Chrysemys picta belli.* - ebd. 19, S. 377–383

Cagle, F. R. (1937): Egg laying habits of the Slider turtle (*Pseudemys troosti*), the Painted turtle (*Chrysemys picta*), and the Musk turtle (*Stenotherus odoratus*). - J. Tenn. Acad. Sci. 12, S. 87–85; dgl. (1939): A systems for marking turtles for future identification. - Copeia, S. 170 to 173; dgl. (1942): Turtle population in southern Illinois. - ebd., S. 155–162; dgl. (1944): Activity and winter changes of hatchlings *Pseudemys.* - ebd., S. 105–109; dgl. (1944): Sexual maturity in the female of the turtle, *Pseudemys scripta elegans.* - ebd., S. 149–152; dgl. (1945): Recovery from serious injury in the Painted turtle. - ebd., S. 45; dgl. (1946): The growth of the Slider turtle, *Pseudemys scripta elegans.* - Amer. Midland Natural. 36, S. 685–729; dgl. (1947): Color abnormalities in *Pseudemys scripta troostii* (Holbrook). - Chicago Ac. Sci. Nat. Hist. Misc. 6, S. 1–3; dgl. (1950): The life history of the Slider turtle, *Pseudemys scripta troostii* (Holbrook). - Ecol. Monogr. 20 (1), S. 31–54; dgl. (1954): Observations on the life cycles of Painted turtles (genus *Chrysemys*). - Amer. Midland Natural. 52, S. 225–235; Camin, J. H., W. W. Moss, J. H.

O l i v e r jr., u. G. S i n g e r (1967): Cloacaridiae, a new family of cheyletoid mites from the cloaca of aquatic turtles. (Acari: Acariformes: Eleutherengona). - J. med. Ent. 4, S. 261–272; C a r r , A. F. jr. (1935): The identity and status of two turtles of the genus *Pseudemys.* - Copeia, S. 147–148; dgl. (1937): A new turtle from Florida, with notes on *Pseudemys floridana mobiliensis* (Holbrook). - Occ. Papers Mus. Michigan 348, S. 1–7; dgl. (1937): The status of *Pseudemys scripta* (Schoepff) and *Pseudemys troostii* (Holbrook). - Herpetol. 1, S. 75–77; dgl. (1938): *Pseudemys nelsoni,* a new turtle from Florida. - Occ. Papers Boston Soc. 8, S. 305–310; dgl. (1938): A new subspecies of *Pseudemys floridana,* with notes on the *floridana*-complex. - Copeia, S. 105 to 109; dgl. (1938): Notes on the *Pseudemys scripta* complex. - Herpetol. 1, S. 131–135; dgl. (1942): The status of *Pseudemys floridana texana,* with notes on parallelism in *Pseudemys.* - Proc. N. Engl. Zool. Club 1, S. 69–76; dgl. (1942): A new *Pseudemys* from Sonora, Mexiko. - Amer. Mus. Nov. 1181, S. 1–4; C a r r , A. F., u. J. W. C r e n s h a w (1957): A taxonomic reappraisal of the turtle *Pseudemys alabamensis* Baur. - Bull. Florida State Mus. Biol. Sci. 2, S. 25–42; C a s t e e l . D. B. (1911): The discriminative ability of the Painted turtle. - J. An. Behavoir 1, S. 1–28; C h r i s t i a n s e n , J. L., u. E. O. M o l l (1973): Latitudinal reproductive variation within a single subspecies of painted turtle, *Chrysemys picta belli.* - Herpetol. 28, S. 152–163; C l a r k , D. B., u. J. W. G i b b o n s (1969): Dietary shift in the turtle *Pseudemys scripta* (Schoepff) from youth to maturity. - Copeia, S. 704–706; C o h e n , M. L. et al. (1980): Turtle-associated salmonellosis in the United States. Effect of public health action, 1970–1976. - JAMA 243, S. 1247–1249; C o n a n t , R., u. K. G. H u d s o n (1949): Longevity records for reptiles and amphibians in the Philadelphia Zoological Garden. - Herpetol. 5, S. 1–8; dgl. (1951): The Red-bellied terrapin, *Pseudemys rubriventris* (Le Conte), in Pennsylvania. - Ann. Carnegie Mus. 32, S. 281–289; C r a n s , W. J., u. E. G. R o c k e l (1968): The mosquitoes attracted to turtles. - Mosquito News 28, S. 332–337; C r e n s h a w , J. W. (1965): Serum protein variation in an interspecies hybrid swarm of turtles of the genus *Pseudemys.* - Evolution Lawrence 19, S. 1–15; C u n n i n g h a m , B. (1923): Some phases in the development of *Chrysemys cinerea.* - J. Elisha Mitch. Soc. 38, S. 51–73

D a v i s , J. D., u. C. G. J a c k s o n (1970): Copulatory behavior in the Red-eared turtle, *Pseudemys scripta elegans* (Wied.). - Herpetol. 26, S. 238–239; D o y l e , R. E., u. A. F. M o r e l a n d (1969): Diseases of turtles. - Int. Turtle Tort. Soc. J. 3, S. 29–31

E d g r e n , R. A. jr. (1943): *Pseudemys scripta troostii* in Michigan. - Copeia, S. 249; dgl. (1948): Some additional notes on Michigan *Pseudemys.* - Chicago Ac. Sci. Nat. Hist. Misc. 22, S. 2; E l l i s , K. R., u. J. D. B a r c i k (1972: Acquisition and suppression of an appetitive task in the freshwater turtle *Chrysemys picta marginata.* - Amer. Zoolog. 12, S. 646; E m l e n , S. T. (1969): Homing ability and orientation in the Painted turtle, *Chrysemys picta marginata.* - Behaviour 33, S. 58– 76; E r n s t , C. H. (1967): Intergradation between the Painted turtles *Chrysemys picta picta* and *Chrysemys picta dorsalis.* - Copeia, S. 131–136; dgl., u. B. G. J e t t (1969): An intergrade population of *Pseudemys scripta elegans* × *Pseudemys scripta troosti* in Kentucky. - J. Herpetol. 3 (1–2), S. 103; dgl. (1970): The status of the Painted Turtle, *Chrysemys picta,* in Tennessee and Kentucky. - ebd. 4 (1–2), S. 39–45; dgl. (1970): Homing ability in the Painted turtle, *Chrysemys picta* (Schneider). - Herpetol. 26, S. 399–403; dgl. (1971): Growth of the painted turtle, *Chrysemys picta* in southeastern Pennsylvania. - ebd. 27, S. 135–141; dgl. (1971): Observations on the egg and hatchling of the American turtle, *Chrysemys picta.* - Brit. J. Herpetol. 4, S. 224–228; dgl. (1971): Population dynamics and activity cycles of *Chrysemys picta* in southeastern Pennsylvania. - J. Herpetol. 5, S. 151–160; dgl. (1971): Sexual cycles and maturity of the turtle, *Chrysemys picta.* - Biol. Bull. Boston 140, S. 191–200; dgl., u. E. M. E r n s t (1971): The taxonomic status and zoogeography of the Painted Turtle, *Chrysemys picta,* in Pennsylvania. - Herpetol. 27 (4), S. 390–396; dgl. (1972): Temperature-activity relationships in the Painted turtle, *Chrysemys picta.* - Copeia, S. 217–222; dgl., u. B. M. E r n s t (1972): Biology of *Chrysemys picta bellii* in southwestern Minnesota. - Proc. Minn. Acad. Sci. 38,

S. 77–80; Esch, G. W., u. J. W. Gibbons (1976): Seasonal incidence of parasitism in the Painted turtle, *Chrysemys picta marginata* Agassiz. - J. Parasit. 53, S. 818–821; Evans, L. T. (1940): Effects of ligth and hormones upon the activity of young turtles, *Chrysemys picta.* - Biol. Bull. Boston 79, S. 370–371; dgl. (1940): Effects of testosterone propionate upon social dominance in young turtles, *Chrysemys picta.* - ebd. 79, S. 371; dgl. (1946): Endocrine effects upon the claws of immature turtles, *Pseudemys elegans.* - Anat. Rec. 94, S. 64; dgl. (1951): Effects of male hormone upon the tail of the Slider turtle, *Pseudemys scripta troostii.* - Science 114, S. 277–279; dgl. (1952): Endocrine relationships in turtles, II. Claw growth in the Slider *Pseudemys scripta troostii.* - Anat. Rec. 112, S. 251–264; dgl., W. C. Preston, u. E. Hardy (1973): Imprinting in *Chrysemys turtles.* - Amer. Zoolog. 14, S. 1269

Fahey, K. M. (1980): A taxonomic study of the Cooter turtles, *Pseudemys floridana* (Leconte) and *Pseudemys concinna* (Leconte), in the Lower red River, Atchafalaya River, and Mississippi River Basins. - Tulane Stud. Zool. Bot. 22 (1), S. 49–66; Fox, H. (1911): Kyphoscolidosis in a Painted tortoise. - Rept. Penrose Res. Lib., S. 16; Frankel, H. M., G. Steinberg, u. J. Gordon (1966): Effects of temperature on blood gases lactate and pyruvate in turtles, *Pseudemys scripta elegans,* in vivo. - Comp. Biochem. Physiol. 19, S. 279–283; dgl., A. Spitzer, J. Blaine u. E. P. Schoener (1969): Respiratory responses of turtles (*Pseudemys scripta*) to changes in arterial blood gas composition. - ebd. 31, S. 535–546; Fritz, U. (1981): Übersicht über die neuweltliche Sumpfschildkrötengattung *Chrysemys* Gray (*Pseudemys* Gray = Synonym für *Chrysemys* Gray). - Herpetofauna 3 (10), S. 17–22; dgl. (1981): Synonymie von *Chrysemys concinna* (Le Conte 1830) mit Berücksichtigung von *Chrysemys rubriventris* (Le Conte 1830), Wermuth u. Mertens 1971. - ebd. 3 (11), S. 31–32; dgl. (1981): Zwei interessante mexikanische Schmuckschildkröten der Gattung *Chrysemys* Gray, 1844. - ebd. 3 (14), S. 25–32

Gemmell, D. J. (1970): Some observations on the nesting of the Western painted turtle, *Chrysemys picta belli,* in northern Minnesota. - Canad. Field Natural. 84, S. 308–309; Gibbons, J. W. (1967): Variations in growth rates in three populations of the Painted turtle, *Chrysemys picta.* - Herpetol. 23, S. 296–303; dgl. (1967): Possible underwater thermoregulation by turtles. - Canad. J. Zool. 45, S. 585; dgl. (1968): Carapacial Algae in a population of the Painted Turtle, *Chrysemys picta.* - Amer. Midland Natural. 79 (2), S. 517–519; dgl. (1968): Population structure and surviorship in the Painted turtle, *Chrysemys picta.* - Copeia, S. 260–278; dgl. (1968): Reproductive potential, activity and cycles in the Painted turtle, *Chrysemys picta.* - Ecology 49, S. 399 to 409; dgl. (1970): Reproductive dynamics of a turtle (*Pseudemys scripta*) population in a reservoir receiving heated effluent from a nuclear reactor. - Canad. J. Zool. 48, S. 881–885; dgl., u. J. W. Coker (1977): Ecological and life history aspects of the Cooter, *Chrysemys floridana* (Le *Conte).* - Herpetol. 33, S. 29–33; Goff, C. C., u. D. S. Goff (1932): Egg laying and incubation of *Pseudemys floridana.* - Copeia, S. 92–94; Goodchild, Ch. G., u. E. S. Dennis (1967): Comparative egg counts and histopathology in turtles infected with *Spirorchis* (Trematoda: Spirorchiidae). - J. Parasit. 53, S. 38–45; Graf, V. (1967): An spectral sensitivity curve and wavelenght discrimination for the turtle, *Chrysemys picta picta.* - Vision Res. 7, S. 915–928; dgl., u. T. Tighe (1971): Subproblem analysis of discrimination shift learning in the turtle *(Chrysemys picta picta).* - Psychol. Sci. 25, S. 257–259; dgl. (1972): Behavioral visueal functions for *Chrysemys picta picta.* Preferences and frequency responses. - Brain Behav. Evol. 5, S. 155–175; Graham, T. E. (1969): Pursuit of the Plymouth turtle. - Int. Turtle Tort. Soc. J. 3, S. 10–13; dgl. (1971): Growth rate of the Red-bellied turtle, *Chrysemys rubriventris,* at Plymouth, Massachusetts. - Copeia, S. 353–355; dgl. (1971): Eggs and hatchlings oft the Red-bellied turtle, *Chrysemys rubriventris,* from Plymouth, Massachusetts. - J. Herpetol. 5, S. 59–60; Granda, A. M.,- u. K. W. Hadeb (1970): Retinal oil globule counts and distribution in two species of turtles: *Pseudemys scripta elegans* (Wied) and *Chelonia mydas mydas* (Linnaeus). - Vision Res. 10, S. 79–84

H a m i l t o n, R. D. (1947): The range of *Pseudemys scripta gaigeae.* - Copeia, S. 75–76; H a r t, R. R., D. C. C o g a n, u. L. L. W i l l i a m s o n (1969): Maze path selection in the turtle (*Chrysemys*): A quasi-comperative study. - Psychol. Rec. 19, S. 301–304; H a r t w e g, N. (1939): Further notes on the *Pseudemys scripta complex.* - Copeia, S. 55; dgl. (1939): A new American *Pseudemys.* - Occ. Pap. Mus. Michigan 397, S. 1–4; H a y e s, W. N., u. E. I. S a i f f (1967): Visual alarm reactions in turtles. - Animal Behav. 15, S. 102–106; H e i d t, G. A., u. R. G. B u r b r i d g e (1966): Some aspects of color preference, substrate preference, and learning in hatchling *Chrysemys picta.* - Herpetol. 22, S. 288–292; H e r t z l e r, D. R., u. W. N. H a y e s (1967): Cortical and tectal function in visually guided behavoir of turtles. - J. comp. physiol. Psychiol. 63, S. 444–447; H o d s o n, L. A., u. J. F. W. P e a r s o n (1943): Notes on the discovery and biology of two Bahaman fresh-water turtles of the genus *Pseudemys.* - Proc. Florida Ac. Sci. 6 (2), S. 17–33; H o l m e s, P. A., u. M. E. B i t t e r m a n (1966): Spatial and visual habit reversal in the turtle. - J. comp. physiol. Psychol. 62, S. 328–331; H u t c h i s o n, V. H., u. R. J. K o s h (1965): The effect of photoperiod on the critical thermal maxima of Painted turtles (*Chrysemys picta*). - Herpetol. 20, S. 233–238; dgl., A. V i n e g a r, u. R. J. K o s h (1966): Critical thermal maxima in turtles. - ebd. 22, S. 32–41; H u t t o n, K. E. (1960): Seasonal physiological changes in the Red-eared turtle, *Pseudemys scripta elegans.* - Copeia, S. 360–362

I n c h a u s t e g u i M i r a n d a, S. J. (1973): Las tortugas Dominicanas de agua dulce *Chrysemys decussata vicina y Chrysemys decorata* (Testudindae/Emydidae). - Diss. Univ. Autonoma de Santo Domigno; I r e l a n d, L. C., W. N. H a y e s, u. L. L a d d i n (1969): Relation between frequency and amplitude of visual alarm reactions in *Pseudemys scripta.* - Animal Behav. 17, S. 386–388

J a c k s o n, C. G. (1970): A biometrical study of growth in *Pseudemys concinna suwanniensis.* - Copeia, S. 528–533; J a c k s o n, C. G. jr., u. J. D. D a v i s (1972): Courtship display behavior of *Chrysemys concinna suwanniensis.* - ebd., S. 385–386; dgl., u. dgl. (1972): A quantitative study of the courtship display of the Red-eared turtle, *Chrysemys scripta elegans* (Wied). - Herpetol. 28, S. 58–63; J a c k s o n, D. C., u. K. S c h m i d t - N i e l s e n (1966): Heat production during diving in the fresh water turtle, *Pseudemys scripta.* - J. Cell. Physiol. 67, S. 225–231; dgl. (1968): Metabolic depression and oxygen depletion in the diving turtle. - J. appl. Physiol. 24, S. 503–509; dgl. (1969): Buoyancy control in the freshwater turtle, *Pseudemys scripta elegans.* - Science 166, S. 1649–1651; dgl. (1971): The effect of temperature on ventilation in the turtle *Pseudemys scripta elegans.* - Respir. Physiol. 12, S. 131–140; dgl. (1971): Mechanical basis for lung volume variability in the turtle *Pseudemys scripta elegans.* - Amer. J. Physiol. 220, S. 754–758; J a c k s o n, D. R. (1976): The status of the Pliocene turtles *Pseudemys caelata* Hay and *Chrysemys carri* Rose and Weaver. - Copeia, S. 655–659; J a c k s o n, M. M., C. G. J a c k s o n, u. M. F u l t o n (1969): Investigation of enteric bacteria of the Testudinata: I. Occurence of the genera *Arizona, Citrobacter, Edwardsiella* and *Salmonella.* - Bull. Wildl. Dis. Ass. 5. S. 328–329; J o l i c o e u r, P., u. J. E. M o s i m a n n (1960): Size and shape variation in the Painted turtle. A principal component analysis. - Growth 24, S. 339–354; J o n e s, A. W., B. W. M o u n t s, u. G. B. W o l c o t t (1945): A pronocephalid fluke from the *Pseudemys.* - Trans. Texas Ac. Sci. 28, S. 92–93

K a u f m a n n, A. F., u. Z. L. M o r r i s o n (1966): An epidemiologic study of salmonellosis in turtles. - Amer. J. Epidem. 84, S. 364 370; dgl., et al. (1972): Turtle-associated Salmonellosis III. The effects of enviromental salmonellae in commercial turtle breeding ponds. - ebd., 95, S. 521–528; K i r k, K. L., u. M. E. B i t t e r m a n (1965): Probability-learning by the turtle. - Science 148, S. 1484–1485; K n i g h t, A. W., u. J. W. G i b b o n s (1968): Food of the Painted turtle, *Chrysemys picta,* in a polluted river. - Amer. Midland Natural. 80, S. 558–562; K o s h, R. J., u. V. H. H u t c h i s o n (1968): Daily rhythmicity of temperature tolerance in Eeastern Painted turtles, *Chrysemys picta.* - Copeia, S. 224–246

L a m m , S. H., et al. (1972): Turtle-associated salmonellosis. I. An estimation of the magnitude of the problem in the United States. 1970–1971. - Amer. J. Epidem. 95, S. 511–517; L e g l e r , J. M. (1954): Nesting habits of the Western painted turtle, *Chrysemys picta belli* (Gray). - Herpetol. 10, S. 137–144; dgl. (1960): A new subspecies of Slider Turtle (*Pseudemys scripta*) from Coahuila, Mexiko. - Univ. Kansas Mus. Nat. Hist. 13 (3), S. 73–84; dgl. (1973): Further evidence for intergradation of two Mexican Slider Turtles (*Pseudemys scripta*). - Herpetol. 19 (2), S. 142 to 143; dgl. (1973): Studies of the life history and ecology of a neotropical Slider Turtle, *Pseudemys scripta*, in Panamá. - Nation. Geogr. Soc. Res. Rep., S. 143–146; L i e b m a n , P. A., u. A. M. G r a n d a (1971): Microspectrophotometric measurements of visual pigments in two species of turtle, *Pseudemys scripta* and *Chelonia mydas*. - Vision Res. 11. S. 105–114; L o p e s , N. (1955): The action of alloxan in the turtle *Pseudemys d'orbignyi* D. and B. - Acta Physiol. Lat. Amer. 4, S. 190–199; L u c a s , F. A. (1916): Occurence of *Pseudemys* at Plymouth, Mass. - Copeia 38, S. 98–100; L u c e y , E. C. (1974): Heart rate and physiological thermo-regulation in a basking turtle, *Pseudemys scripta elegans*. - Comp. Biochem. Physiol. 48 A, S. 471–482

M a h m o u d , I. Y. (1968): Nesting behavior in the Western painted turtle, *Chrysemys picta belli*. - Herpetol. 24, S. 158–162; dgl., u. N. L a v e n d a (1969): Establishment and eradication of food preferences in Red-eared turtles. - Copeia, S. 298–300; dgl., G. L. H e s s , u. J. K l i c k a (1973): Normal embryonic stages of the Western painted turtle, *Chrysemys picta belli*. - J. Morphol. 141, S. 269–279; M a r q u a r d t , W. C. (1966): Haemogregarines and Haemoproteus in some reptiles in southern Illinois. - J. Parasit. 52, S. 823–824; M a x w e l l , J. H., u. A. M. G r a n d a (1972): Dark adaption in the turtle, *Pseudemys*. - Brain Behav. Evol. 5, S. 176–187; M c C o y , C. J. (1968): The development of melanism in an Oklahoma population of *Chrysemys scripta elegans* (Reptilia: Testudinidae). - Proc. Oklahoma Ac. Sci. 47, S. 84–87; M c D o w e l l , S. B. (1964): Partition of the genus *Clemmys* and related problems in the taxonomy of the aquatic Testudinidae. - Proc. Zool. Soc. London 143, S. 239–279; M e r t e n s , R. (1943): Über die Umwandlung der Antillen-Schildkröte *Pseudemys palustris* in *Pseudemys rugosa*. - Senckenbergiana 26, S. 313–319; M i n c k l e y , W. L. (1966): Coyote predation on aquatic turtles. - J. Mammal. 47, S. 137; M i t t l e m a n , M. B. (1944): The status of *Testudo terrapin* (Schoepff). - Copeia, S. 245–250; dgl. (1945): Additional notes on the name *Testudo terrapin* Schoepff. - ebd., S. 233 to 234; dgl. (1947): The allocation of *Testudo rugosa* Shaw. - Herpetol. 3, S. 173–176; M l y - n a r s k i , M. (1980): Die pleistocänen Schildkröten Mittel- und Osteuropas (Bestimmungsschlüssel). - Fol. quatern. 52, S. 1–43; M o l l , E. O., u. J. M. L e g l e r (1971): The life history of a neotropical slider turtle, *Pseudemys scripta* (Schoepff) in Panama. - Bull. Los Angeles Mus. Nat. Hist. Sci. 11, S. 1–102; dgl. (1973): Latitudinal and intersubspecific variation in reproduction of the Painted turtle, *Chrysemys picta*. - Herpetol. 29, S. 307–318; M o r l o c k , H., S. H e r - r i n g t o n , u. M. O l d h a m (1972): Weight loss during food deprivation in the Eeastern Painted Turtle, *Chrysemys picta picta*. - Copeia, S. 392, M r o s o v s k y , N. (1964): Modification of the diving-in response of the Red-eared terrapin, *Pseudemys ornata callirostris*. - Quart. J. Exp. Psychol. 16, S. 166–171; M u r i l l o , N. R., J. K. D i e r k s , u. E. J. C a p a l d i (1961): Performance of the turtle, *Pseudemys scripta troostii*, in a partial reinforcement stiuation. - J. Comp. Physiol. Psychol. 54, S. 204–206; M u s a c c h i a , X. J., u. M. L. S i e v e r s (1956): Effects of induced cold torpor on blood of *Chrysemys picta*. - Amer. J. Physiol. 187, S. 99–102; dgl. (1959): The variability of *Chrysemys picta* submerged at various temperatures .- Physiol. Zool. 32, S. 47–50

N i c h o l s , J. T. (1933): Further notes on Painted turtles. - Copeia, S. 41–42; dgl., u. R. D e S o l a (1933): The probable size maximum of *Chrysemys picta picta* (Schneider). - ebd., S. 151; N o r t h c u t t , R. G. (1970): The telencephalon of the Western painted turtle. - Ill. Biol. Monogr. 43, S. 1–113

O r t l e b , E. P., u. O. J. S e x t o n (1964): Orientation of the Painted turtle, *Chrysemys picta*. - Amer. Midland Natural. 71, S. 320–333

P a e p k e , H.-J. (1977): Zur gegenwärtigen Verbreitung der Europäischen Sumpfschildkröte (*Emys orbicularis* L.) in den brandenburgischen Bezirken Potsdam, Frankfurt/Oder, Cottbus und in Berlin (Reptilia, Emydidae). - Mitt. Zool. Mus. Berlin 53 (1), S. 173–185; P a t t e r s o n , W. C., F. C. E v e r i n g , u. C. L. M c N a l l (1968): The relationship of temperature to the cochlear response in a poikilotherm (*Pseudemys scripta elegans*). - J. Aud. Res. 8, S. 439–448; P e a r s e , A. S. (1923): The growth of the Painted turtle. - Biol. Bull. 45, S. 145–148; P e r r y , S. F. (1972): The lungs of the Red eared turtle, *Chrysemys* (*Pseudemys*) *scripta elegans*, as a gas exchange organ: A histological and quantitative morphological study. Diss. Univ. of Michigan, USA, Ann. Arbor; P e r t , A., u. R. C. G o n z a l e s (1974): The behavior of the turtle (*Chrysemys picta picta*) in simultaneous, successive, and behavioral contrast situations. - J. Comp. Physiol. Psychol. 87, S. 526–538; P e t z o l d , H.-G. (1968): Zur Kenntnis der kubanischen Antillen-Schmuckschildkröte (*Pseudemys terrapen rugosa*). - Salamandra 4, S. 73–90; P o u g h , F. H., u. M. B. P o u g h (1968): The systematic statuts of Painted Turtles (*Chrysemys*) in the Northeastern United States. - Copeia, S. 612–618; P o w e l l , C. (1967): Female sexual cycles of *Chrysemys picta* and *Clemmys insculpta* in Nova Scotia. - Canad. Field Natural. 81, S. 134–140

Q u a y , W. (1967): Twenty-four hour rhtyhmus in cerebral and brainstem contents of 5-hydroxytrypamine in a turtle, *Pseudemys scripta elegans*. - Comp. Biochem. Physiol. 20, S. 217–221; Q i n n , A. J., u. J. L. C h r i s t i a n s e n (1971–1972): The relationship between pond bottom type and growth rate of Western Painted Turtles, *Chrysemys picta belli* in Iowa, a preliminary report. - Proc. Iowa Ac. Sci. 78, S. 67–69

R a n e y , E. C., u. E. A. L a c h n e r (1942): Summer food of *Chrysemys picta marginata* in Chautauqua Lake, New York. - Copeia, S. 83–85; R a p a t z , G. L., u. X. J. M u s a c c h i a (1957): Metabolism of *Chrysemys picta* during fasting and cold torpor. - Amer. J. Physiol. 188, S. 456–460; R e a m , C., u. R. R e a m (1966): The influence of sampling methods on the estimation of population structure in Painted turtles. - Amer. Midland Natural. 75, S. 325–338; R e a m , C. H. (1967): Some aspects of the ecology of Painted turtles, Lake Mendota, Wisconsin. Diss. Univ. of Wisconsin, Madison, USA; R o s a d o , R. D. (1967): La „Jicotea". - Int. Turtle Tort. Soc. J. 1, S. 16–19

S e x t o n , O. J. (1959): Spatial and temporal movements of a population of the Painted turtle, *Chrysemys picta marginata* (Agassiz). - Ecol. Monogr. 29, S. 113–140; dgl. (1965): The annual cycle of growth and shedding in the Midland Painted turtle, *Chrysemys picta marginata*. - Copeia, S. 314–318; S k o l o d a , T. E. (1973): Ipsilateral visual evoked potentials in the turtle, *Pseudemys scripta elegans*. Diss. Univ. of Delaware, New York, USA; S m i t h , H. M. (1904): Notes on the breeding of the Yellow-bellied terrapin. - Smithson. Misc. Coll. 45, S. 252–253; S o k o l , S., u. W. R. A. M u n t z (1966): The spectral sensitivity of the turtle *Chrysemys picta picta*. - Vision Res. 6, S. 285–292; S p i g e l , I. M. (1963): Running speed and intermediate brightness discrimination in the fresh water turtle (*Chrysemys*). - J. comp. physiol. Psychol. 56, S. 924–928; dgl. (1966): Variability in maze-path selection by turtle. - J. gen. Psychol. 75, S. 21–27; S t e j n e g e r , L. (1938): Restitution of the name *Ptychemys boyi* Agassiz for a western river tortoise. - Proc. biol. Soc. Washington 51, S. 173–176; S t o r e r , T. I. (1932): The western limit of range for *Chrysemys picta bellii*. - Copeia, S. 9–11; S t r o m s t e n , F. A. (1923): Nest digging and laying habits of Bell's turtle, *Chrysemys marginata bellii* (Gray). - Univ. Iowa Stud. Nat. Hist. 10, S. 67–70; S t u r n , A., u. B. H. B r a t t s t r o m (1958): A serial abnormality in the Painted turtle. - Herpetol. 13, S. 277–278; S u z u k i , H. K. (1973): Studies on the osseous system of the Slider turtle. - Ann. N. York Ac. Sci. 109, S. 351–410

T a y l o r , S. J. (1952): Vascularity of the hypophys of lower vertebrates. The painted turtle, *Chrysemys picta marginata* Agassiz. - Canad. J. Zool. 30, S. 134–143; T h a c k e r , T. L. (1924):

Notes on Bell's Painted turtles (*Chrysemys marginata bellii*) in British Columbia. - Canad. Field Natural. 38, S. 164–167; Thorson, T. E. (1974): Salmonellosis in pet turtles. - Mod. Vet. Pract. 55, S. 31–32; Trobec, T. N., u. J. G. Stanley (1971): Ionoregulatory response of the hypophysectomized turtle *Chrysemys picta* to osmotic stresses. - Gen. Comp. Endocr. 17, S. 479 to 482; Tuge, H. (1932): Somatic motor mechanisms in the midbrain and medulla oblongata of *Chrysemys elegans* (Wied.) - J. Comp. Neurol. 55, S. 185–271; Turkowski, F. J. (1972): Grass sprout grows through embryo of Yellow-bellied turtle *Chrysemys scripta*. - Herpetol. Rev. 4, S. 165

Viosca, P. Jr. (1933): The *Pseudemys troostii-elegans* complex, a case of sexual dimorphism. - Copeia, S. 208–210; Vivien, J. H. (1964): Intersexualité spontanée chez *Pseudemys scripta elegans*, un Chélonien aquatique. - C. R. Soc. Biol. Paris 158, S. 185–187; Vogt, R. C., u. C. J. McCoy (1980): Status of the emydine turtle genera *Chrysemys* and *Pseudemys*. - Ann. Carnegie Mus. 49, S. 93–103; dgl., u. J. J. Bull (1982): Temperature controlled sexdetermination in turtles: Ecological and behavioral aspects. - Herpetol. 38 (1), S. 156–164

Walker W. F. Jr. (1971): A structural and functional analysis of walking in the turtle, *Chrysemys picta marginata*. - J. Morphol. 134, S. 195–214; Wallach, J. D. (1976): The pathogenesis and etiology of ulcerative shell disease in turtles. - Aqu. Mammals, 4, S. 1–4; dgl. (1977): Ulcerative shell disease in turtles: identification, prophylaxis and treatment. - Int. Zoo Yb. 17, S. 170–171; Waters, J. H. (1969): Additional observations of south-eastern Massachusetts insular and mainland populations of Painted Turtles, *Chrysemys picta*. - Copeia, S. 179–182; Watertor, J. L. (1967): Intraspecific variation of adult *Telorchis bonnerensis* (Trematoda; Telorchiidae) in amphibian and reptilian hosts. - J. Parasit. 53, S. 962–968; Weaver, W. G. jr., u. F. L. Rose (1967): Systematics, fossil history and evolution of the genus *Chrysemys*. - Tulane Stud. Zool. Bot. 14, S. 63–73; Webb, R. G. (1961): Observations on the life histories of turtles (genus *Pseudemys* and *Graptemys*) in Lake Texoma, Oklahoma. - Amer. Midland Natural. 65, S. 193–214; Weber, A. (1973): Über einen Behandlungsversuch bei latent mit Salmonellen infizierten Schildkröten. - Kleintierpraxis 18, S. 48–50; Wilbur, H. M. (1975): A growth model for the turtle *Chrysemys picta*. - Copeia 2, S. 337–342; dgl. (1975): The evolutionary and mathematical demography of the turtle *Chrysemys picta*. - Ecology 56, S. 64–77; Wiley, F. H., u. H. B. Lewis (1927): The distribution of nitrogen in the blood and urine of the turtle, *Chrysemys picta*. - Amer. J. Physiol. 81, S. 692–695; Willemsens, N. M. C. (1974): Een schildafwijking bij *Pseudemys scripta elegans*. - Lacerta 32, S. 165; Williams, J. E. (1952): Homing behavior of the Painted turtle and Musk turtle in a lake. - Copeia, S. 76 to 82; Wolach, A. H., u. K. Latta (1974): Reward magnitude shifts in turtles (*Pseudemys scripta elegans*). - Psychol. Rec. 24, S. 237–241; Wurth, S. M. A., u. X. J. Musacchia (1964): Renewal of intestinal epithelium in the freshwater turtle, *Chrysemys picta*. - Anat. Rec. 148, S. 427–439; Wyssbrod, H. R. (1969): Slow cis-stimulation of sodium transport across isolated urinary bladders of the fresh-Water turtle, *Pseudemys scripta*. - Biochim. Biophys. Acta 183, S. 577–590

Yntema, C. L. (1976): Effects of incubation temperatures on sexual differentation in the turtle, *Chelydra serpentina*. - J. Morphol. 150, S. 453–462; dgl., u. N. Mrosovsky (1980): Sexual differentation in hatchling loggerheads (*Caretta caretta*) incubated at different controlled temperatures. - Herpetol. 36, S. 33–36

Zangerl, R. (1969): The turtle shell. In: C. Gans, A. d'A. Bellairs u. T. S. Parsons (Hrsg.): Biology of the Reptilia, Bd. 1, Morphology A. New York, S. 311–339; Zwick, H., u. A. M. Granda (1968): Behaviorally determined dark adaptation functions in the turtle, *Pseudemys*. - Psychol. Sci. 11, S. 239–240

## Nachtrag:

10.2. Spezielle Arbeiten

Belkin, D. A., C. Gans (1968): An unusual Chelonian feeding niche. - Ecology 49, S. 768 to 769; Bleakney, J. S. (1958): Postglazial dispersal of the turtle, *Chrysemys picta.* - Herpetol. 14, S. 101–104; Cable, R. M., u. W. B. Hopp (1954): Acanthocephalan parasites of the genus *Neoechinorhynchus* in North American Turtles with the descriptions of two new species. - J. Parasit. 40, S. 674–680; dgl., u. F. M. Fisher jr. (1961): A fifth species of *Neoechinorhynchus* (*Acanthocephala*) in turtles. - ebd. 47, S. 666–668; Fisher, F. M. jr. (1960): On acanthocephala of turtles with the description of *Neoechinorhynchus emyditoides* n. sp. - ebd. 46, S. 257–266; Kaplan, H. M. (1957): The care and diseases of laboratory turtles. - Proc. Anim. Care Panel. 7, S. 259–272; dgl. (1957): Septicemic, cuteaneous ulcerative disease of turtles. - ebd. 7, S. 273–277; Marchand, L. J. (1942): A contribution to a knowledge of the natural history of certain freshwater turtles. - Thes. Univ. Florida; Mlynarski, M. (1969): Fossile Schildkröten. - N. Brehm-Büch. 396; Schwartz, A., u. R. Thomas (1975): A checklist of West Indian Amphibians and Reptiles. - Carnegie Mus. Nat. Hist. Spec. Publ. Nr. 1, 216 S.; Suzuki, H. K. (1963): Studies on the osseous system of the slider turtle. - Ann. N. York Ac. Sci. 109, S. 351–410.